腹を割って話した

〈完全版〉

藤村忠寿　嬉野雅道

朝日文庫

本書は、イースト・プレスより刊行された『腹を割って話した』（二〇一一年三月）と、『腹を割って話した（未知との遭遇）』（二〇一三年九月）を合本したものです。

腹を割って話した 完全版 目次

2011年、腹を割って話した

2013年、腹を割って話した

2020年、文庫化でさらに腹を割って話した 355

腹を割って話した

完全版

2011年、腹を割って話した

某日午後、
北海道定山渓温泉に向かう車中で、
腹を割って話した

どうでしょうは宗教？

藤村　『水曜どうでしょう』は、宗教みたいだ」ってよく言われたりするじゃないですか。それって印象が良くないし、違うだろって思っていて。まあ最近は考え方がちょっと変わってきた部分もあるんだけど……。

嬉野　いやいや、宗教のなにがいけないんですか？

藤村　え？　いやいやいや（笑）、そういう言い方は誤解されるじゃないですか。

嬉野　なにが誤解されるんですか？　いいじゃないですか、宗教なら宗教で。

藤村　いや、あなた昔からよくそう言ってて、そのたんびに「違う！」と私は言ってましたけど。でも「宗教」というのは、言葉の印象としてどうしても受け入れられないわけですよ。

嬉野　あー……だけどあなた、以前に言ってたじゃないですか。番組のスポンサーの話になったときにね、ただただ宣伝、広告のためにお金を出してもらう以外のやり方があるんじゃないかっていうのを。「たとえば本当に『どうでしょう』が好きで、おもしろいと思ってくれてる個人が、『どうでしょう』を応援したいと思って、少しずつでもお金を出してくれるっていうふうにできないか」と。「それならこっちも視聴率なんていう指標に振り回されずに、純粋に番組作りに没頭できて、なおかつむこうにも喜んでもらえるんじゃないか」って。

藤村　あぁ……言ってたねえ。

嬉野　私も思いましたよ、「それいいねえ」って。

藤村　個人株主みたいなかんじでやったら、たぶんけっこう集まると思うんだよ。

嬉野　あのときあなたが言ってたのはつまり、「志を頂戴する」ってことでしょう？もろ、お金ってことじゃなくって。

藤村　そうだね。

嬉野　だって昔なんかでもさ、寺を建てるつって、坊さんが勧進（寄付を募ること）してね？　あちこち回ってお経を読んで。そしたらそこへ人が集まってきて「いやぁ、そんなありがたいお寺なら、ぜひ建ててほしい」って、志としてのお金を託していったわけじゃないですか。そんなふうに勧進とか寄進とかを受け入れてきた根っこが、そもそも日本にはあるわけですよ。あなたのその、個人株主みたいなアイデアもそういうことでしょう? つまりそれって、宗教がやってきたことなんですよ。

藤村 あー。

嬉野 人を集めてね。浄財(汚れのない寄付金)ですよ、だから。

藤村 浄財って…… いやらしいね(笑)。ここでそういう言葉を使われると。賽銭箱とかに、大きく書いてありますもんね。「これはもう清いお金ですから」と、よくもまぁそんな言葉思いついたもんだなぁ、っていう。

嬉野 いや、その浄財という言葉にね、「いやらしい」という気持ちを反応させてしまう、それも宗教のいいところだと思うんですよ? いや実際、清いお金なんですよ。だってあなた、仏様のために使われるお金なんですから。人の善意の結集ですから。そらぁ浄財ですよ。ただ管理するのが人間で、そして宗教にはともすれば大金が集まりますから、なかでどうなってるかはわからない。ね? そういう紙一重のところで、ギリギリ「浄財です!」って踏ん張ってるっていうのがさ、おもしろいところじゃないの。「これ怪しくないですか? 私物化してないですか?」って言われても「違います!」って言い張るのよ。本当は怪しくてもね。

藤村 もう坊主の金歯がギラギラ光ってんのに(笑)。

嬉野 知らん顔ですよ(笑)。

さんざん叩かれた

藤村　まあ……『どうでしょう』の場合、もうすでにグッズとかＤＶＤを売っていますけれども。

嬉野　それで金を儲けて、なおかつ勧進して浄財を集めてたら、二重取りみたいになってしまう。

藤村　ほんとですよ（笑）。

嬉野　でもその二重取りの実態が、なかば丸見えになっているなかで、気づかないふりしてあえて勧進してるっていうのはさ、見てるお客のほうとしても気持ちいいんじゃないだろうか？　こっちは澄ました顔して集金してるんだよ。「みなさんのためになるんです」とか言いながら。けれども二重取りして貯まっていってるのが、うしろに見えるの（笑）。

藤村　ちょっと見えてるんだよね。

嬉野　「見えてますよ」って言われても、「なにがですか？」ってこう、後ろを隠して。

藤村　「いやいや、見えてますよ」

嬉野　「なにも持ってませんよ！」

藤村　「いや、後ろに」

嬉野　「はいはい、もう帰って帰って！」

藤村　（笑）。

嬉野　そういうのを全部ひっくるめて、丸抱えで物語として受け入れる素地が、日本には歴史的にあると思うんですよ。

藤村　それをまじめに糾弾しちゃいけないと。

嬉野　そうです。そういう物語全体がおもしろいところなんですから。でも昔、ＤＶＤを初めて出してそれが2万枚ぐらい売れたときに、ホームページのトップにシャレで「金満バラエティ」って大書してね。「本日も儲かってます！」って書いたじゃない（笑）。そしたら視聴者にさんざん叩かれましたけどね。

藤村　「『どうでしょう』も変わりましたね」「がっかりしました」って。いやいや、シャレだろ！って（笑）。

嬉野　あれを思うとね、お客のほうにしても、たとえ儲かっているとしても、知らぬ存ぜぬで通してほしいっていうのがあると思うんですよ。

藤村　金歯がチラチラ見えてても（笑）。

嬉野　そうそう。素振りってやっぱり大事なんです。

誠心誠意、イメージを

藤村　だから今、宗教の話をしてるんだけど、実はそこにビジネスの構造を見出してるっていうか……。

嬉野　いや、あるんですよそれは。

藤村　そう、べつにね、教祖様になろうとかそういうんじゃなくて。

嬉野　私にとっての宗教の話は、実家の話なんだから。

藤村　そうだよね。あんたんち、寺だもん。

嬉野　うちの実家がどうやって食ってきたかっていう話なんですよ。私なんかが言ってる「宗教」って、その程度の話なんです。

藤村　そうだよねえ。……お寺って檀家さんがいて、いわばそれが顧客なわけじゃないですか。多少は獲得競争とかもあるわけですか？　顧客の。

嬉野　うちは小さな寺でしたから、檀家さんも少ないわけですよ。仮にじゃあ、本堂の屋根瓦の改修工事に1千万掛かるとするでしょう。そこで檀家さんが1千軒あったら、1軒に付き1口1万円で済む。だけど10軒しかなかったら1口100万円になってしまって、そんなものはお願いできないわけでね。だからといって黙ってたら寄進（寄付）

は増えない。そこでどうするかといえば、イベントをやってたんです。年に5回くらい。

藤村 イベント！（笑）。

嬉野 宗教イベントね。普段うちとはあんまり関わりのない、フリーの信者の方々が、近郷近在にいっぱいいらっしゃるわけですよ。

藤村 ああ、フリーの客を取り込むわけだ！

嬉野 入場はもちろん無料で。そこで護摩を焚いたりね。護摩といっても先生、セサミじゃないですよ。

藤村 わかってますよ。

嬉野 護摩を焚いて、家内安全とかいろいろ祈願をして、祈願料としてお金が落ちる。そこで入場者数が多いと、まとまった額になるわけですよ。それで、そのときにみんなが拝むのは仏さんでしょう？　そんなものねえ、あるのかどうか、わかんないわけじゃないですか。

藤村 あー……そうだね（笑）。確かに仏像みたいなもんはあるけど、その実体はよくわからない。

嬉野 だけどやっぱりそういうものは、「ある」ってイメージするわけですよ。それが大事。

藤村 仏さんを拝んで不幸を感じるということはないわけですからね。基本は「ありがたい、ありがたい」と。

嬉野　だって、こっちも誠心誠意やってますもん。

藤村　なるほど！　誠心誠意。うん。だますつもりでやってるわけじゃない。

嬉野　だますってなによ？

藤村　いやいや、誠心誠意ね……（笑）。

嬉野　そうですよ。お寺としてはそこしかないじゃないですか。そこのギリギリのところ。

藤村　もともと神や仏に、実体がないわけですからね。

嬉野　まぁ言ってしまえばね。でも、そうも言い切れないわけですよ。信じてるから。

藤村　確かに。ひとつのビジネスモデルとして考えれば。

嬉野　商品を売ってるわけじゃなく、なにかイメージを提供してるわけで。そのイメージは個人個人のなかで、勝手に都合よく広げることができるんです。実体がないからこそ、自分のいちばんいい方向で、いちばんぴったりくるイメージを勝手に持てるっていう。

藤村　それはテレビもそうだよね。実体のないイメージを提供してあげるっていうのは。

嬉野　そういった状況を考えると、作ってる人たちがそれをいちばん信じてやってないと、詐欺になるんですよ。それは。

藤村　そうなんだよね。だから誠心誠意やると。

嬉野　詐欺はいけないと思ってますよ？　でも、「詐欺も可能ですよ」っていうのはあって（笑）。そういうものもチラチラ見えつつですよ。そういうのも丸抱えだとおもしろいなぁと、私なんかは思うわけです。……あ、温泉もう着いたんですか？

藤村　着きましたねえ。

夕方、温泉に入ってから腹を割って話した

さびしさと気持ちよさ

藤村 風呂上がりのビールを……いやぁー気持ちいいねぇ。

嬉野 温泉が湧く町に住んでたら、私ね、「さびしくないな」って思うんですよ。

藤村 (笑)。さびしくない?

嬉野 なんだろうねえ。なんにもしなくても勝手に湧いてるっていう……なんか安心感がある。

藤村 あー、確かにあるね。勝手に湧いてるっていうのは、確かに気楽になるね。

嬉野 そうなの。「湯に入るのは気持ちいいけど、水道料金がバカにならん」とかね、「ボイラーの燃料代がえらい掛かる」とか、そういうものってどっかで続かなくなるっていう心配があるじゃないですか。でも、いい湯加減で勝手に湧いてるやつが身近にあると思うとね、これは心の支えになる。心強い。「すべてなくしても、温泉がある」って思えるのはさ、俺なんかにはいい。

藤村　先生は、さびしいんですか。

嬉野　さびしいっていったらおかしいんだけど……基本心細い人だから。常に。

藤村　なにか支えになるものが温泉っていうのは、でもわかりやすいね。温泉に入って「ヤだなあ」と思う人は一人もいないわけで。

嬉野　いないよねえ（笑）。多少ぬるいとか熱いとかで文句言う人はあっても。

藤村　さっき入ってて「なんでこんなに気持ちいいんだろう?」って、ちょっと考えて……。

嬉野　俺はなんか……心細いっていうのが常にあってね。それでいまこんな（テレビの）仕事してるじゃない？　けして向いてるとは思わないわけだよ。

藤村　あー。どういうところが？

嬉野　つまり……『どうでしょう』は違うんだよ、楽しいんだ。それ以外の番組とかでさ、タレントがいる、スタッフがいる、いろんな人がいるっていうなかでコミュニケーションとって、自分の作りたい方向に回していかなきゃいけないっていうのが、負担なんだろうね。だったら1人でやったほうが楽だなっていうのはある。

藤村　あー、そういうところね。

嬉野　そういうところ。だけどいまは……こういうテレビっていう、人に見せて、見た人が「おもしろいなあ」とか「楽しいなあ」とか、感じるようなものを作ってるわけだから、だったら「『作り手の俺がまず気持ちいい状態にいる』っていうことが、最終的にはその作品を気持ちのいいものにするんだ」っていう、妙な厚かましさが出てきて。

藤村　それがわかってきたっていうか、「それでいいんだ」っていう。

嬉野　そこにもう、俺は居座っちゃったところがあるんだよ。

１００％藤村

藤村　あー。俺はでも、向いてるとか向いてないとかっていうこと自体、考えたこともないなあ。

嬉野　あなたはそうですよ。

藤村　向いてるとか向いてないっていうこと自体が、どういうことかよくわからない。

嬉野　あなたの場合は、はじめっから、１００％藤村なんだよ。

藤村　あぁ？（笑）。

嬉野　いや、俺そうだと思う。たとえば卑近な話をすればだよ、うちはマンションに住んでるんだけど、俺の部屋はある。カミさんの部屋はないんだよ。カミさんは「部屋なんかいらない」っていうんだよ。どうして？ってみんな思うかもしれないけど、違うんだ。カミさんにとっては、家全体がカミさんのものなんだよ。彼女にはハナっからそういう考えがあって、疑いがない。だから「ここは私のものだから、あなたの部屋はここね」みたいな。

藤村　あー。

嬉野　あなた、家に自分の部屋がないでしょう。

藤村　ないねえ（笑）。

嬉野　そうでしょう（笑）。そういうことだと思うんですよ。だからあなたは最初からブレないで、向いてるとか向いてないとか考えたこともなく仕事してる。それでやれちゃってる。俺は「自分はこういう世界で生きていけるのか」って最初っからすっごいブレたところから始めるしかなくて、「俺にいったい、なにができるんだろう？」ってそのつど右往左往しながら自分の役割を探して、結局、最後に見つけた答えは「俺は判断をすればいいんだ」っていう。ものすごく構築していって構築していって、最後の最後で傍若無人な強弁で、そういう結論を出してね？　いまはそこに居座ってる。でも基本的に心細いから――温泉を心の支えにしてるわけ（笑）。

藤村　でも結局あれですよ、『どうでしょう』をやってても、こっちだっていろいろ自分で作り込んでね。で、それがおもしろいのかどうか、俺が最終的な判断を仰ぐのは、あなたの顔色だからね。

嬉野　あー……。

藤村　自分が編集したあとに、あなたがそれを見ていい顔をするのか、それともなんにも言わないのか。なんにも言わないとなったら、それはねえ、たぶんちょっと違うんですよ（笑）。それはあなたの役割として非常にある。編集して、あらかた形が見えてきたときに、「これ、どうですかねえ？」と聞いて、そこであなたが「いいですよ、これ！」って言えば、これはもう間違いないわけです。

嬉野　じゃあもう……君と会えてよかった。

藤村　（爆笑）。

嬉野　でもギリギリだよ？　俺。はっきりいって。

根幹と着地点

藤村　もともとその、「向いてない」と思うところっていうのはさ。スタッフがいて、タレントがいて、それをうまく切り回していくってのは、それは誰だってわずらわしいですよ。そもそもどうやってやればいいのか、正解なんて誰もわからないなかで、だましだましやっていくしかないわけだから。

嬉野　でも自分で「これだ！」って、答えが出せるときもあるわけですよ。「これはこうすればいい！」っていう確信が。そのときはもう、他人に指図することはわずらわしくもなんともないわけ。でも、そういうことは頻繁にはないわけで。「どうするんですか、右にするんですか、左にするんですか」ってスタッフに詰め寄られて、「うーん、どっちでもいいんだけどなあ。うるせえなぁこいつ」みたいに思っちゃうから（笑）。だけどディレクターならディレクター、プロデューサーならプロデューサーっていう立場である以上、右にするか左にするかを自分で判断しなければ、仕事が先へ進んでいかない。だからといって自分に確信がないままにそれをやっていても、正直なところあまり意味はないというか。

藤村　俺もね、わずらわしくてやらないことはあるんですよ。自分が手を下さないところはあって。

嬉野　あー、ありますね。知ってますよ。

藤村　知ってる？（笑）。いやだって、究極、わずらわしいことは全部誰かがやってくれて、自分がその上に立っていれば、これはもういちばんいいじゃないですか（笑）。ただね、どっちに転んだとしても、俺はどっかで「正解は誰もわからない」っていう気持ちがあって。だからAに行こうがBに行こうが、そのときの判断はべつにどっちでもいいんですよ。でもあなたが言ったみたいに、ディレクターやってると「どっちにするんですか?」って、必ず聞かれるじゃないですか。
嬉野 そう、スタッフが言質(げんち)を取りに来るんですよ。
藤村 来るじゃないですか、わかんないから。そのときにはもう「A!」ってはっきり言っちゃう。それはべつに「B!」って言ってもいいのよ。
嬉野 とりあえず言っちゃう。
藤村 とりあえず言っちゃう(笑)。それでAに行こうがBに行こうが、たぶんおんなじなんですよ。その根幹さえちゃんと押さえていれば。だいたいそういうときの「Aがいいですか、Bがいいですか」って聞きに来るのって、些細なことばっかりなんですよ。そんな、根幹を揺るがすほどのことってほとんどない。
嬉野 確かに……。
藤村 その根幹っていうのは、実はもう最初に決めてあるわけでしょう。それを忘れなきゃいい。でもだいたいみんな根幹の部分を忘れて、目先のことでごちゃごちゃやってる。自分がディレクターに向いてるかどうかっていうのはわかんないけど、まあ向いてるといえば向いてるのかなぁ。そういうふうにAだBだって断言できるっていうところでは。
嬉野 だから、はた目には向いてますすよ先生は。
藤村 あー(笑)。

嬉野　どう考えても向いてますよ。他になにかあるんですか!っていうくらいですよ。

藤村　でも断言できるからといって、最終的な着地点を見つけてるかというと、そうでもないんですよ。いや、自分なりの着地点っていうのはあるよ? あるけど、果たしてそれがいいのか悪いのか、正しいのか正しくないのか、おもしろいのかおもしろくないのかっていうのは、自分ではわからないじゃないですか。だからやっぱり、そのときにあなたが——途中をわりと丸投げにした人が、最後に出てきて(笑)、「これ、いいんじゃないですか?」って言ってくれたり、クスッて笑ったりしてもらえれば「あ、間違ってないな」っていうことだよね。それはあるねえ。

嬉野　そうですか……。

藤村　あのう……温泉——

嬉野　ん?

「温泉」の発想

藤村　いや、「温泉がすごく気持ちいい」っていうことを、さっきずっと風呂入りながら思ってたわけですよ。

嬉野　おー、はいはい。

藤村　「気持ちいい」っていうのはいいことでしょ？　温泉に限らずね。そういう「気持ちいい」っていう状況を、なんでみんな作らないんだろう……っていうのがあるんだよね。

嬉野　あー、ありますね。それはありますよ。

藤村　なんでみんなこうも、気持ちよくない状況をわざわざ作るんだろうっていう。「仕事がきつい」とか言ってるくせに、「でも会社ってこういうものだからしょうがない」とか、みんなあっさり言うじゃないですか。

嬉野　言われることあります。

藤村　そういう人たちにとって、会社は「温泉」じゃないわけじゃない？

嬉野　「温泉」じゃないですよ。だってね、「やっぱり仕事って、大変じゃないですか」って同意を求められるけど、「そうかな……」って思うんですよ。

藤村　俺も思う。

嬉野　俺だってがんばらないわけじゃないんですよ？　でも自分で「どうしよう、どうしよう」なんて言って、負担だけ感じてね、それが重しになって、気持ちが暗くなったら、もう気の利いたこと、なんにも考えられないじゃないですか。そんなものを持ち続けて、抱え続けて「大変だ、大変だ」って言うことには、まったくもって意味がない――それが仕事でいいのかって思う。

藤村　そうそう。

嬉野　そんなものはぶん投げて、軽くなって、なんか楽しくなって。そうやってなにかを思いついたときに、それを実現していくための作業が大変なのは、それは当たり前なんです。でもそれは「仕事だから大変なのは当たり前だ」っていうときの「負担」とは、まるで違う。

藤村　あんたがさっき言ってたみたいに、「これだ」っていう確信を持つことができたら、物事はいくら大変だろうが回っていくわけでしょう。でもせっかく確信が持てたのに、周囲が「それはいままでのやり方と違いますから」とか、「それって結局あなたの考えでしょ？　みんなは違うんですよ」とか言って、その確信がなかなか形にできないということも、往々にしてあるでしょう。

嬉野　ありますねぇ。

藤村　みんな「温泉」につかろうっていう発想がないんだよね。気持ちよくもなんともないところに、わざわざ行こうとしている。

嬉野　そういう人は「温泉」につかって「あー、気持ちいいなあ〜」っていう経験がたぶんないから。

藤村　仕事を気持ちいい「温泉」にしようって考えたことがない。

自分が楽しいかどうか

嬉野　他人が「温泉」につかっているところを見たことはあると思うんだ。でもやっぱり、自分が気持ちよくなった経験がないと、「温泉に入るぞ！」というのは実感としてはわからないよね。……俺なんかは自分の仕事を「温泉」にするために、「いま俺は、おもしろいと思っているのか」とかね？　「いま自分は楽しいのか」っていうことを、自分が迷って苦しくなったときの道しるべにしてる。たとえば「自分が負担に感じてるものを外していく」っていうのも、ひとつには、そうなんですよ。自分にできないことは抱え込まないで、「ごめん、やって！」って人に任せたほうがいい。それで前進していけるっていうことがある。

藤村「ごめん、やって」っていうのはさ、組織ではなかなか許されないことなんだよね？　一般的には。

嬉野　怒られるもの。

藤村　怒られますよ（笑）。でもそれが、俺はおかしいと思うんだ。「できねえ」って言うってことは、「できねえ」ってわかるまでやったってことだから、それをおたがい無理してやり続けるっていうのは。会社は基本的に職務で人を分けるじゃないですか。でも、それぞれの人間がそもそも持ってる役割でやっていけば、みんなきれいに「温泉」につかれるはずなんですよ。

嬉野　つかれますよ。「みんなが気持ちよくなりながら、バトンを渡していく」っていうことができれば、それはもう必ずいいものができるんです。

藤村　『どうでしょう』でも、大泉洋の役割は企画出しの段階から参加することじゃなくて、いきなりポーンと現場に投げ出されて、そこで一生懸命やるっていうことでしょう。だから俺はある程度、あいつに投げてるところがあるわけだよね。

嬉野　そうそう、あなたは投げる（笑）。いまでこそ「編集は全部自分で」ってあなたやってるけど、『どうでしょう』のいちばん初めの編集を、あんたは私に投げたからね。「嬉野さん、ちょっとつないでみて」って。

藤村　そうだった。

嬉野　あなたは困ると私に投げる。で、「そうか俺がやるしかないのか」って状況に投げ込まれると、俺はわりと自由に発想するところがあるから、これも役割分担なんだろうね。大泉洋のしゃべりのおもしろさって最初からあったから、「編集はジャンプカットで（時間を飛ばして）、画はひょこひょこ動くけども、セリフ重視でバンバンつなぐとおもしろい」って発想できて。おもしろいシーンとおもしろいシーンの間に文字のテロップを1枚「到着」って入れたら、その間にあったつまらないシーンはばっさりカットできて、そしたらナレーションもなくせて、テンポよく場面転換ができるっていう、いまの『どうでしょう』の形が一発でできちゃった。そしたらあなたはそれを見て、「そのやりかたはおもしろい」って思った瞬間——あんたはもう、人に渡さないわけでしょう（笑）。

藤村 そうだね（笑）。

嬉野 以来、編集権はあんただもん。

編集は「温泉」

藤村 それはもう編集は、10時間掛けようが20時間掛けようがなんの苦労も感じない。それは自分が非常にやりたいことだから、ほんっとに何時間でもやってられる。だからここは逆に、人に任せるところではないんだよね。……会社である程度年を取っていけばさあ、「上に立って実務はどんどん部下に振っていきなさい」みたいなことも要求されるわけじゃない。それは年長者としての役割でもあるんだろうけど、自分も含めた上での適材適所っていうのは、やっぱりあるわけで。だからいまだに俺、振らないもんね。そういうところは。

嬉野 たとえば？

藤村　まずその、編集は絶対人に振らないでしょ？　それから「いくつかの番組を掛け持ちして、プロデューサー的に方向性だけ決めて」みたいな、そういうのもやらない。

嬉野　やらないね。

藤村　だいたいテレビ局の社員で年を取っていくと、みんなプロデューサーになるわけですよ。でもやらない。めんどくさいもん（笑）。得意じゃないから、他の人がやってくれれば全然いい。「後進を育てろ」みたいな話も、俺はもう完全にやらないもん。

嬉野　いやー……そうですか（笑）。

藤村　後進を育てるっていうのは、確かに子孫を残すのとおんなじようなことで、それは至極当たり前のことなんだけど。いや、まだまだそんなことより、やれることがあるわけですよ。たとえば木こりの親父がね。

嬉野　（笑）。木こりが！

藤村　すばらしく木を切ることができるのに、それをやめてしまって、後進を育てるだけでいいんだろうか。

嬉野　まったくだね。

藤村　木こりは年を取れば取るほど、体力的にはきつくなってくるけど、そのぶん力を入れなくても木を切る技法かなんかが身についてくるわけじゃないですか。それを活かさずして、なんで30代後半から40代に掛けて、いきなりもう木を切らなくなるのかっていう。

嬉野　熟練して、いよいよさらなるステージに進化していけるのにね。

藤村　いよいよなんですよ。教えてくださいって言われれば、いくらでも教えるよ？　でも教えるってなにを？ってのもあって。それより、まだまだやれることがあるから。

嬉野　育つ人は、環境さえ整備してやれば勝手に育つものなんだよ。あなたは組織のトップに立っても、そういう考え方でやるんだろうけど。それはたぶんあなたが「温泉」につかったことがあるから、ってことなんだろうね？

藤村　あー、そうだね。「温泉」の気持ちよさを知ってるから、最初にまず「どうすれば『温泉』につかれるか」って考え方になるもん。

嬉野　反対に、「温泉」につかったことがない人は、現場の楽しさをわからないでトップになるから。だから「仕事は厳しいものなんだ、『温泉』なんかない！　当たり前だろう、黙ってやれ！」ってなる。

藤村　俺が何十時間も掛けて、1人でコツコツ編集作業なんかやってるのは、温泉につかってるのとおんなじことだからさ。厳しくなんかない。むしろ気持ちいいからね。

嬉野　そう。気持ちいいから、何時間でも仕事に没頭できるんだよ。

藤村　俺が編集室に入ってると、みんな「藤村さん忙しそうですね」「大変そうですね」って言うけど、実は違うもんね。でもあんたは「いやいや、藤村くんはあそこに入ってるのが、全然いいんだよ」って言うもんね（笑）。

嬉野　どんだけ作業量があったって、あんたは楽しいんだもん。

藤村　楽しいんだよ。それを誰が決めたのかわかんない常識で、「藤村くん、もうそろそろ編集は下の人に任せて……」って言われると、俺の「温泉」がなくなっちゃう（笑）。

カメラは「温泉」

藤村　でもその「温泉」は、あんたにもあるわけだよね？

嬉野　ある。でも俺の場合は、自分の「温泉」は自分で掘り当てるところから始めないといけないから、すると「温泉」が出ないときもあるわけ。いまは次のドラマをイチから始めてるところだからね。次のドラマはどんな話がいいか、ずっと考えてて、どこでロケすればいいか、あちこち出歩いて。「温泉出るのかなー、出ないのかなー、出るのかなー」って（笑）。それで出ないかもしれないんだよ？　「出ませんでした！」ってなったら、そりゃ周りからさんざんに言われるかもしれないんだけど、決して遊んでるんじゃないの。いちおうあちこち回ってさ、探してんの。山師まがいのことはしてんのよ？　してんだけど、はたから見たら遊んでるおじさんにしか見えないと思うのよ。

藤村　見えないよねえ。いままさに次のドラマの準備をしてるんだけど、俺一切、手伝わないからね（笑）。

嬉野　こっちも手伝わせようとは思わないわけ。……余計めんどくさいことになる。

藤村　（爆笑）。

嬉野　いや、たぶん団体行動では俺の「温泉」は見つけられないんじゃないかという気がするし。まあ……でもわかんない。俺の場合、見つかるか見つからないかっていうのは、ほんとわかんない。見つかんなかったら、ほんとに遊んでるだけの人になっちゃう。

藤村　それはそれで……いいと思うんだけど（笑）。

嬉野　たとえば『どうでしょう』で言えば、カメラを他の人にやってもらおうっていう気はないんだよね。だからあれは俺の「温泉」なんだね。……まあ新作（11年「原付日本列島制覇」のこと・DVD第29弾収録）は人にやってもらいましたけどね？　私、体調不良でしたから。

藤村　あなたがカメラをやっていて楽しいかどうかっていうのは、まわりが楽しいことをやってくれるかどうかっていう部分に、非常に掛かってるよね。

嬉野　たとえば昔、「香港」に行くときにね（98年・DVD第12弾収録）。大泉さんが飛行機の中で機内食取ったりとか、寝てるとことか、時間経過を追うために撮るじゃないですか？　おんなじ向きで。

藤村　はいはい。

嬉野　そしたらお茶が出たのね。そのとき大泉さんがコップに入ったお茶を、こう、熱いからフーフー吹くわけですよ。フーフー吹きながら、なんとなく目線はあさってのほう向いてて、まあ「暇を持て余してる人」みたいな感じでやってるわけですよ。

藤村　斜め30度くらい上を見てね。

嬉野　そうそう。それでたまにワインみたいにこう、お茶をゆらしたりしてるわけ。それをファインダーでのぞきながら俺は、「おもしろい……」って思って。茶を飲んでるだけで、なんでこいつは、こんなに画がもつんだろうと思いながらビデオを回して。そのときにやっぱり俺は、「自分でのぞいていたい」と思うわけ。

藤村　うんうん。

嬉野　そういう細かいところではね、俺は自分でやりたいとどうしても思っちゃう。今この場でなにがいちばんおもしろくなってるのか、それがわかるから身体が勝手に反応するの。つまり、「温泉」なんですよ。

藤村　気持ちいいんだ。

嬉野　気持ちいいんですよ。

藤村　で「俺が気持ちいいんだから、誰も文句を言うな」っていう（笑）。

嬉野　そうそう。そういう強弁みたいなところはあるんだよねえ。「これは俺が気持ちよくなるところだから！」っていうのはある。

真逆だけど合う

藤村　「気持ちいい」っていうのをちゃんと出してくれれば、まわりも気持ちいいんですよ。その人に全部まかせとけばいいんだから。

嬉野　そうなの。

藤村　「あんたこの仕事してて、なにが気持ちいいの？」っていうこと、多いですからね。そういう人はいっしょに仕事してて、非常にじゃまなときが多いんだよね（笑）。「こうしたい、ああしたい！」じゃなくて、「これはリスクが大きいです、それはやめときましょう」とかって。

嬉野　ああ、なるほど。

藤村　だから、あんたなんかが清々しい顔でやってると、こっちもいい感じに影響されるわけですよ。

嬉野　そうか……いや、俺もあんたといっしょに仕事やんなかったら、こういう「温泉」にはたどり着いてなかったかもしれない。

藤村　それはねえ、そういう人とは必ず出会うんですよ。最初に『水曜どうでしょう』をやるときに、俺とあなたは、たまたまいっしょになったわけですよ。

嬉野　たまたまです。

藤村　たまたまですよ。当時の部長が決めて。これがもし合わない人だったら、1年で終わってたと思いますよ？　それで次の1年、また違う人と別の番組やって……。でもそういうふうになってないってことは、そもそもわれわれに「違う道」なんて存在しないんだと思う。よく「藤村さんは『どうでしょう』をやってなかったら、どういう番組を作ったと思いますか？」って聞かれることがあるんだけど、いや、たぶん『どうでしょう』をやってるんですよ。「これはもう、こういう道なんだ」っていうのは、非常に思いますね。

嬉野　俺とあんたって全然違うじゃない？　性格なんて、真逆ぐらい違うんじゃないかと思うんだけども。でもね、なにかおんなじものがあったりするのかな、って気もするのよ。だって「これいいじゃないか」って思うところが合うんなら、価値観はいっしょなんだよね。

藤村　いっしょです。

嬉野　それでポジション的にも真逆みたいな立ち位置を取るから、おたがい被るとこがないんだよね。

藤村　ないですね。

確信犯としての大泉洋

藤村　でもたぶん、「笑い」っていうものに関しては、われわれの見方はおんなじなんですよ。たとえばここで人がすっ転んで、笑うっていうときに、俺は目の前で起きた「転ぶ」っていう行為に笑うんじゃなくて、転んだ人の前段階をまず大事にするんだよね。「この人はどういう人か」っていう背景や状況を全部見て、「こんな人がこんな状況で転んだからおもしろい」と思うわけじゃないですか。

嬉野　うん。

藤村　大泉がコップをゆらしてお茶飲んでるのが「なんでおかしいの?」っていう人は、その行為自体しか見てないんだよね。「だってゆらしてるだけでしょう」と。で「フーフー吹いて、むこう向いてるだけでしょう」と。だけどね、それをわざわざ映像で撮ってるっていうのもおかしいし、じゃああいつは結局なにを見てるんだとか(笑)、そういう複合的な状況をとらえて笑うんですよ。そういうとらえ方は、われわれに重なってるところだと思う。

嬉野　それは成長期に、なにかおんなじものを見て学習したから、おもしろさを共有できる部分があるんだろうか。……たとえば大泉は機内で、「暇を持て余して落ち着かない人」を演じてたんだと思うんですよ。紙コップをワイングラスみたいに回したりとか、じゃっかん猫背で前かがみになって、コップを見るんじゃなくてちょっと上のほうを見てるっていうのはね。そういうのをやっているとき、彼のなかには、あらかじめ具体的なイメージがあるんだと思う。そういう画を見た覚えがどこかにあるから、彼はそれをやっている。俺もあんたもどっかでそういう画を見たことがあるから、おもしろいっていうふうに認識できる……っていうふうにどうしても思えるんだ。

藤村　具体的にあの場面がどっかであったとしても、気にとめない人は気にとめないわけですよ。お茶を飲んでるワンシーンなんていうのは（笑）。俺らはたぶん、気にとめてしまったんだね。

嬉野　おんなじことを飛行機の中で、安田（顕）くんにやってもらったことがあって。アメリカに行く途中かなにかでね。

藤村　ありましたね。

嬉野　で、安田くんもおそらくやれるだろうと思ってたけど、やれなかったんですよ。まず彼は、俺になにを注文されているのかわからない。

藤村　（笑）。

嬉野　彼のなかにそういう画はなかったんだね。だから「誰でもやれるもんじゃないんだ」ってそのとき思った。

藤村　それはそうですよ。うん。

嬉野　こういうことって確信犯的にやって、確信犯的にやってるからこそおもしろいっていう。わかってないと、きっとできないいんだなあって。

安田顕の盛り上がり

嬉野　でも『どうでしょう』の企画に安田さんが入るときは……なんだかわからないけど盛り上がるんだよね（笑）。あの人を呼ぶときっていうのは、なんか法則があんの？たとえば「夏野菜」（99年・DVD第16弾収録）だと、畑を開墾するときから彼はいるけど。

藤村　あれは単に、人手が多いほうがいいから。

嬉野　すばらしい。

藤村　そりゃそうでしょ（笑）。2人だけでやらしてたらキツいもん。特に安田さんなんか、不器用だけど働き者だからね。基本は。

嬉野　そうすると「対決列島」（01年・DVD第23弾収録）なんかは、チーム制にしたかったっていうこと？

藤村　まあそうなんだろうね。そんな単純なもんだと思うよ？　必須条件がまずあって、そのなかで立ち位置をそれぞれ割り振っていくっていう。「西表島（いりおもてじま）」（05年・DVD第8弾収録）も基本対決ものだから、彼はいるんですよ。だからべつに深い意味はない。まあ煮詰まってるわけじゃないんだけど、4人でずっとやっててちょっと目新しさがほしいなと思ったときに、彼を呼ぶっていうのはよくあった。「そろそろ安田さんを……」っていう。そうすると目先が変わって、なにかがポンとはじけるというね。だから極端な話、安田さんには「べつになんにもしなくていいから」って言ってた（笑）。「余計なことしなくていいから」って。

嬉野　そうだね。彼はそれで「わかりました」って言うタイプだからね。

藤村　だって安田さん自体、いつもいるのかいないのかわからないようなたたずまいの人じゃない（笑）。そんな人に「どんどんツッコんで」って言うのは、彼の役割に無理をさせることだから。

嬉野　「対決列島」で安田くんがさ、駐車場で企画発表やってるときに、いきなり「やぁやぁー鈴井貴之ー！」って乱入してくるのは（笑）、あれはどういう考えで？

藤村　あの口上は自分で書いたんだけど、あの格好っていうのは……。

嬉野　あんた「時代劇風で」とか言ってなかったっけ。

藤村　「時代劇風」って言ったら小松（江里子・スタイリスト）が神主みてえなやつ持ってきちゃって（笑）。

嬉野 もうちょっと戦国武将みたいなやつかと思ってたら、平安の貴族みたいな、麿みたいなメイクしちゃって。

藤村 そういうことじゃないよね（笑）。

嬉野 もっと勇ましいかんじだと思ってたけど……まぁ結果オーライですから。

藤村 結果オーライだから、そこに関しては「小松、違うだろ」とは言わない。

嬉野 ずいぶん意外な方向にふくらみましたよ？

藤村 視聴者は混乱したかもしれない（笑）。

嬉野 「なんだこれは」と。しかもハイエース（ワンボックスカー）からおもちゃのラッパ吹いて出てくるってのはもう、どういうことなんだって。

藤村 （爆笑）。いやいや、駐車場でいちばん怪しまれずにいきなり出てこれるところっていうと、うしろに停まってる車ですからね。安田さん、朝からずーっとハイエースの荷室で待ってたんですよ？　２人（大泉・ミスター）よりも1時間くらい早く来て、メイクして、車の中でずーっとタイミングを待ってた。寝ちゃうとまずいから、とにかく起きててもらって。

嬉野 あの人が出てくるときの画はすごいよ。ラッパ吹いて、なにか言っちゃあ引っ込む。また出てきて、また引っ込むっていう（笑）。

藤村 いちいちハイエースの荷室に引っ込む意味が、もうわからん。

嬉野　あのへんの手ぬるいかんじはいいよねえ。

藤村　あのラッパも、こっちはホラ貝のイメージだったんだけどね（笑）。小松が換骨奪胎してくれたから。「ふくらむ」ってそういうことなんだねえ。

嬉野　先生のイメージ通りじゃなくてよかったってことだよね。

藤村　普通は「ふくらんだ」ってあんまり言わないけどね。「ちゃんと打ち合わせしとけ！」って話だから。でもわれわれの場合、打ち合わせとは違うことが起きると「ふくらんだ」って表現するからね（笑）。

嬉野　そういう、重要なシーンじゃないけどやけに印象深いところって、ところどころあるね。

温泉へ悪魔のささやき

藤村　いま「アメリカ合衆国横断」（99年・DVD第15弾収録）のDVDを編集してて、ちょうどホットスプリングスっていう温泉街に行くときのくだりがあって。ミスターが寝てるすきに、俺と大泉が温泉に車を走らせるっていう。スケジュールが厳しいのに。

嬉野　あんたの、大泉に対する「悪魔のささやき」でね。

藤村　そうそう「悪魔のささやき」で。俺の頭のなかでは、「スケジュール的には厳しいけど、ミスターに黙って温泉に寄るっていうのは……いいなぁ」と（笑）。あれは当然、事前に大泉にもミスターにもなんにも言ってないわけですよ。でも俺のなかではもう「温泉に入ろう」って決めちゃってるわけじゃないですか。あとがどうなろうと。それで大泉に「温泉に行こう」って仕向けるという。あの会話の場面を見てると、もちろん台本はないんだけど、俺と大泉のなかには共通認識があるから。

嬉野　あるんだよね。

藤村　非常に会話が、ドラマ仕立てのようになってる。「大泉くん。疲れを取るのに、いちばんいいのはなんだい……?」って言うと、あいつは1秒空けずに「温泉なんだよ、藤村くん」って。

嬉野　（笑）。

藤村　これ、できてるんだよね。相談しなくても。で、あんたもそれがあるから、大泉の顔ばっかりぐーっと撮ってるわけじゃないですか。

嬉野　相談してないからスリリングで、おもしろいんだよねえ。「マレーシア」（98年・DVD第10弾収録）で、あいつはひとりだけマットが割れたベッドに寝かされちゃって、腰が痛いわけですよ。朝方目が覚めると、あいつが割れたベッドのわきに座ってたんだ。ずーっと。「これはなんか言いたいのかな……」って思ってカメラを回しだすと、そこから語り始めるんだよ。そういうふうになるまで、彼はなにもしゃべらない。俺を起こしたりもしない。やっぱりこういうことで「打ち合わせはしたくない」っていうのが、彼のなかにもあるんだよね。

藤村　逆に言うと、「打ち合わせをしなくても、おたがいわかってるだろ?」って。そこでひと言でも「じゃあ、こういうふうにしますから」って言ってしまったら、全部冷めちゃうから。しないでやると、それぞれに緊張感をもってできるからね。

嬉野　「ノってくるだろうな」って思いながらも、どう展開していくかは当然ながら未知数じゃないですか。だって打ち合わせもしないままに撮ってるわけだから。でもあなた言ってたけどね、確かにうちの番組のように、旅をしてる当事者たちも先の展開がわかってないっていうものは、それを見ている視聴者にもわかるはずがないわけで。われわれのなかに緊張感があると、結果的に視聴者も、ものすごく興味深く展開を見ることができるんですよ。

藤村　うん。

嬉野　あなたがそれを常に考えているというか、意識の上に置いてるっていうのはさ、確かに立派だと思うよ。ところが、あんたとしては「温泉」につかってるわけであって。

藤村　そうそうそう。苦しいことでも、立派なことでもない。でもそこで「こんこんと湧き出る温泉」を知らない人だったら、「じゃあまず打ち合わせしましょう」と。「大泉が起きたときにベッドが割れてたんで、こんなトークをします」って前もって言ったほうが、カメラマンも「ああ、じゃあこっちから撮ります」ってできるから、そのほうがラクなんですよ。

嬉野　ふつうは知りたがると思うんだよね。事前にね。

藤村　失敗すると怖いから。でも失敗ってありえないんですよ。全員に共通認識があれば。だけどそこに共通認識がない人がいると、不安でしょうがないから、「じゃあ段取り決めてください」って。その瞬間に緊張感がなくなって、一切おもしろくなくなっちゃう。そういう意味での「ラク」をしてはダメだっていう。

嬉野　その「ラク」は「温泉」じゃないわけだ。

藤村　「温泉」じゃない。じゃあ大泉がね、2時間あそこに座ってるのが大変かっていうと、あいつは大変じゃないんだよ。2時間でも3時間でも、嬉野さんが起きるまで待つのよ、あいつは。そのあとに「温泉」が待ってるのを知ってるから（笑）。

嬉野　だってあいつには確信犯的に言いたいことがあってさ。それを緊張感のなかでイチからじっくり言って、そうしたら「カメラを回してるこいつもきっと笑うだろう」っていうのがあるから。そうなったときの「温泉」のゴージャスさを知ってるからさあ。

藤村　ゴージャスさをね（笑）。

嬉野　「これは絶対、人には渡さない」っていうところがあるから、彼はやれるんだろうね。

ここをキャンプ地とする

藤村「ヨーロッパ」（99年・DVD第17弾収録）で俺が「ここをキャンプ地とする！」と言ったあとの、大泉の……。

嬉野　翌朝のねえ。

藤村　あれも、おんなじですよ。ドイツの道端にテント張って、俺と嬉野さんはテントに寝て、タレント2人は車の中で寝て。

嬉野　車の中は寒かったんだよ。窓が開いてて。でもあんたが車のキー持ってテントに行っちゃってたから、タレントは窓も閉められずに一晩中寒さに震えてて。

藤村　あれは大泉にしたら、「あんたらに言いたいことが山ほどある。だけどいまここで出しちゃったら、あのこんこんと湧き出る『温泉』に入れなくなる」って（笑）。「ここで一晩がまんすれば、藤村さん嬉野さんが、またどんどん湯を沸かしてくれる」っていうね。

嬉野　あんときあんたと2人でテントで寝て、朝起きたらあんたが「ちょっと（カメラを）回しながら出ようか」と。こっちは「いいよ回さなくても」って言ってたんだけど、ちょっとテントを開けて見たらね、あいつが車の助手席でひざ抱えて、明らかにわれわれを待ってるわけですよ（笑）。「これは回さないと！」って。
藤村 大泉も「テント開けたな」ってのはきっと見えてんだけど、目線はこっちに送らないからね（笑）。
嬉野 だからここは、一気に全員で「『温泉』に入んなきゃいけない！」っていう局面で。
藤村 （爆笑）。「『温泉』あった！　湧いてる湧いてる！」って。
嬉野 もうみんなで、わーっと（笑）。
藤村 わーっと入ってさあ。
嬉野 あの瞬間なんてのはさあ。
藤村 あとは気持ちいいだけだからね。
嬉野 もう気持ちいいだけなんだよ（笑）。
藤村 「うぅーん」って唸ってね（笑）。そこを……そうなんだよ、そこがわかってないと、やっぱりね、ふつうの風呂になっちゃう。システムバスになっちゃうわけですよ。「ここをひねったらシャワーが出る」みたいな味気ないものに。
嬉野 自分でお湯ためたり、追い焚きとかしてるうちにめんどくさくなって「もういいよ！」ってなっちゃう。

大泉洋の撮影指南

藤村　「温泉」にたどり着くまでは、多少のがまんも必要なんだよね。でもこういうときって、「これ、なんのためにがまんしてるんですか?」って、言われがちじゃないですか。「まず説明してください」って。「や、これはもしかしたらこういうことがあるだろうから、種をまいてるだけの話で……」と言っても、「とにかくどうなるか教えてください」なんて言われて。これにしたって、たまたま車の窓が開いてたから寒かったというだけの話で、「先に計画を立てておいてください」なんて言われても困るわけですよ。でもだいたいみんな、そういうことを言うじゃない。

嬉野　言うねえ。

藤村　そういう一般的な常識を、どれだけ押し付けられないようにするかということを、われわれは会社のなかでしてきたと思うんですよ。

嬉野　もともと業界的な常識にあんまりしばられていないところから始められたから、そういうふうにできたということもあるんでしょうね。私なんか特にそうですけど、『どうでしょう』はみんな素人に近い人間ばかりで集まってやってきたんだから。田舎のテレビ局なんて本来そんなもんでしょう。でもどっかでたまたま「温泉」に入る瞬間があって、「これ気持ちいいじゃねえか」っていうのがあったんでしょうね。

藤村 あったあった。

嬉野 だからそういうふうにしていけばいいっていうか、そういうふうにしていかないとおもしろい瞬間に出会えないんだっていうのを、どっかで了解していったっていうことなのかな。

藤村 『どうでしょう』の新作（「原付日本列島制覇」）で、大泉がカメラマンに撮影の指南をしているシーンがあったでしょ。今回は違うカメラマンを付けたから。

嬉野 ずっとドラマをいっしょに撮ってきた人だけど、『どうでしょう』は初めてで。

藤村 そうすると大泉が彼に、「『どうでしょう』は、基本つまらないから」と言うわけだ。

嬉野 旅行をしている、そのリアルな最中はね。

藤村 「長い時間があるんだから、つまらないのは当たり前なんだとまず思ってください」「でもおもしろい瞬間があります」と。「そのときにあわててカメラがビッと寄っちゃダメです」「釣りとおんなじで、アタリが来た瞬間にあわてたら魚は釣れません」と。

嬉野 なるほど。

藤村 「長ーい時間待って待って、いよいよアタリが来たら、みんなすぐ釣り上げようとする。それではダメなんです」「アタリがコツーンコツーンと来たなと思ったら……

嬉野　そこでまだ待つ！」

藤村　（笑）。

嬉野　「で、ようやく来た！と思ったら、そこで初めてビッと寄って、寄ったらもうあとはウダウダしない。そいつの頭をぶん殴って、すぐさま沖〆（おきじめ）にするんだ」と。

藤村　いちばんうまいところを食えと。

嬉野　カメラマンはよく「次はなにを撮るんですか」「次どこ行くんですか」みたいなことばっかり気にするけど、そうじゃない。待つ時間が長くて、基本つまらないものなんだと。そこで来たと思ったら、その瞬間すぐ寄っちゃダメだと。まだだと（笑）。来たからこそ、そこで待ち構えろっていうね。

カメラは傍観者の立場

嬉野　新作で僕がカメラを回したのって、いちばん最初の企画発表の部分だけじゃないですか。そこから後は彼に任せた。

藤村　そうだね。でも今回はカブに乗って一日中走る企画だったから、まぁそんなに支障はなく。撮影っていっても後ろから車で追いかけて、カメラは固定にしておいて、ずーっと回してりゃいいわけで。そういうスタイルがすでに確立されてるから。……それよりも俺が10年間あなたと『どうでしょう』をやってきて思ったのは、あなたはしゃべるとおもしろいんですよ。話がおもしろいんです。

嬉野　あー。

藤村　それはいまに始まったことじゃなくって、実は『どうでしょう』の旅ではあんた、よくしゃべってたからね。カメラを回してるとなかなかそうはいかないけど、宿に入ればずいぶんあなたはしゃべるから。それを今回は、なんとなく表に出せばいいんじゃないかと。

嬉野　しゃべらせたかった。

藤村　しゃべらせたかったんだよ。今回はだから「あんたはカメラを気にせずにしゃべればいいじゃないの」と。俺と2人で、車の後部座席に座って。

嬉野　やることないからねえ。しゃべるくらいしないと、あまりに仕事してない男になるから。

藤村　寝てるくらいのもんだから。

嬉野　そうです（笑）。

藤村　それがいいんですよ。

嬉野　まあこっちは「仕事してない感」が強かったですよ。

藤村　仕事してない感（笑）。

嬉野　「俺だけ仕事してねえなあ」っていうさ。

藤村　今回のカメラマンも、「なにをおもしろいと思うのか」っていうところの観点は基本われわれといっしょだから、心配ではなかったよね。……ああでも、大泉たちがカブでフェリーに乗るときがあってさ。

嬉野　ありました。渥美半島から紀伊半島に渡るとき。

藤村　われわれだったらそういうときも、ずーっと車の中にいて、固定カメラで撮り続けるわけじゃない。外に出るのめんどくさいし。でも本職のカメラマンとしては、やっぱりタレントの運転するカブがフェリーに乗り込むっていうイベントを前にしたら、もう1台のカメラを持って急いで出て行くわけですよ。それでグッとカメラを低く構えて、下から煽った画で、こうカブの乗り込みをかっこよく撮ったりするわけだ。カメラマンはそうやって、いい画を撮ってくれるんだよね。でも俺らは車の中からそれを見て「あ、行った行った行った。カメラのタケシくんが行きました！」って（笑）、そっちのほうをおもしろがって。

嬉野　（笑）。

藤村　そうやって客観的に状況を見るのがおもしろいんだよね。カメラマンがむこうに行ってるのを見て、「あ、あいつ撮るぞ」と。次にそいつが撮ったアップの画を見て、「あー、これはいい画ですねえ！」かなんか適当なことを言って、そのあとむこうから戻ってくるのを見て、「あー満足そうですね彼」なんて言って（笑）。カメラマンはいい画を撮りたいだけなんだけどね。われわれの観点では、彼が撮った画よりも、彼が満足そうに「ひと仕事してきたな……」みたいな顔して帰ってくるのがおもしろい。

藤村 結局、俺らのカメラは傍観者の立場にいるんだよね。

嬉野 で、そっちがメイン。

藤村 もとはといえば、俺にあんまり動く気がなかったからそうなったんだろうけど。動かないほうが「温泉」だろうって思ったから。

嬉野 動かさないことによるおもしろさっていうのに気づいちゃったからね。「全体の状況を俯瞰で見て笑う」っていう。カメラが一点に集中すると、その集中してた部分がつまらないともう終わりだから。

藤村 タレントは雨の中

嬉野 たとえばお遍路に行ったときにね（99〜02年・DVD第14、19、26弾収録）、雨が降ると、寺に着いても大泉くんだけを車から降ろすわけですよ。俺らは降りない。だってそうでしょう？　雨が降ってるんだもん（笑）。で、タレントが雨の中で一生懸命に「何番、なんとか寺！」って言ってるのに、われわれは車の中から、ウィンドウだけ開けて撮る。で、やつが言い終わるか終わらないかのうちにウィーンって閉めちゃう。ああいう状況で（カメラを）回せるってところがやっぱり、至福の「温泉」みたいなところがあるわけですよ。

藤村　その閉まっていく窓と、そのむこうで抗議する大泉の顔まで撮るっていうね。

藤村　苦労していっしょに雨の中に出て行くよりも、車の中で撮ってるほうが全然画がいいんだよね（笑）。

嬉野　「ひでえなこいつら！」っていうかんじがね。タレントがあれだけがんばってるのに、ディレクターがズボラっていうか、めんどくさがりっていうか、そういう悪事がおもしろくってしょうがない。ウィンドウが閉まっていく「ウィーン……」っていう音も含めて、たまらないわけですよもう。

藤村　たまらないねえ。タレントが必死にやってるのにね。

嬉野　「次はもうちょっと早めにウィンドウ上げよう」かなんか言ってるわけですよ。「いまちょっと遅かった」とか（笑）。それはもう「温泉」に入っちゃって、気持ちよくってやめられないっていう状態ですよ。

藤村　それは体力的にラクだから気持ちいいとか、そういうことではなく。もしカメラも雨の中でずぶ濡れになるほうがおもしろいと思ったら、率先して出て行きますもんね？

嬉野　全然もう、そうなったらレンズをバッチャンバッチャン濡らすぐらいの勢いですよ(笑)。だから体力を使う用意はある。

藤村　あるある。そっちの「温泉」が気持ちいいんなら、いくらでも体力使いますよ。

嬉野　使う使う。もちろん、カメラを動かさない「定点観測」みたいな撮り方自体が楽しいっていうのはあるんですよ。「この画はカメラマンがいて撮ってるんだ」ということを、視聴者に意識させないほうがいい。ズームしたりカメラを振ったりするたびにカメラマンの存在を思い出されるのは、それはもったいないなあと。

藤村　客観的じゃなくなるからね。

嬉野　あと同ポジ（同じカメラの画角）でもどんどん気にせずに編集してるから、そういう意味でも引き画で動かないっていうのは、編集上もやりやすい。

藤村　寝てたやつが起きたりとか、固定カメラだと余計な説明しなくても時間経過がわかりやすいからね。

嬉野　枠の中でなんか動いてるっていうのが、客観的に観察しているかんじに見える。定点カメラだとそのおもしろさが出せるんですよ。

藤村　おもしろいし、気持ちいいんだね。

嬉野　完全に「温泉」です。

初どうでしょうの緊張感

藤村　『どうでしょう』を始めたいちばん最初の、六本木プリンスホテルの前でサイコロを振ったときは（96年・DVD第2弾収録）、緊張感しかなかったですよ。最初はもうとにかく緊張感、すごいあった。

嬉野　それは、どういうかんじの緊張感？

藤村　あんたを信用してなかったからですよ（笑）。「大丈夫かこの人」って。

嬉野　あ、そういうことね。この人は俺のことを信用してなかったんです。こっちは大丈夫だと思ってたんですよ？　経験上、年長者だけのことはあってね。

藤村　こっちは「この人、テレビの作り方わかってるのかなあ」とかさ。それはまだあなたのことをわかってないし。自分だって手一杯だし。

嬉野　こっちはね、カメラを回すことに対しては、まったく緊張感なかったね。

藤村　そうなの？

嬉野　俺はああいうことを、高校生のころにやってたんですよ。

藤村　あー。

嬉野　ビデオなんかないころだから、フィルムの8ミリカメラでそういうのをやってたんです。だから「引き画が強い」とか「ズームは使わないほうがいい」とかっていうのは、すでにもう自分のなかにあったから。さまざまな状況で「どれくらい被写体と間合いを取るか」っていうのも、私にとってはもうそれこそ「温泉」だからね。

藤村　なるほどね。もうそのころから、自分が気持ちよさを感じるかどうかで判断してきたわけだ。

嬉野　まあ俺も「これ、テレビに流れるんだ！」っていう緊張感はあったけれども。……でもあなたのその、俺に対する不信感は（笑）、いつ解けたんですか。

藤村　いや、1回目でもう解けてるんじゃないか？

嬉野　それは帰って編集してからってことかい？

藤村　いや、もうロケの途中でだと思うんだけど……最初はあんたに言ったもんね。

嬉野　なにを。

藤村　「ここから撮って」とか。

嬉野　ああ！　言ってた。

藤村　「サイコロ振り終わったら顔にいって、それからこっちで」とかって。でも最初だけだったと思う、それは。

嬉野　言ってたんだよね。仕事上カメラマンにそういうふうに言わなきゃいけないって、教えられたところもあっただろうし。

藤村　それもあったと思う。
嬉野　こっちは「うるせえなあ」と思ってた（笑）。「そんなのわかるよ」と。
藤村　だから最初だけだね。それで最初に編集したときに、もう『どうでしょう』の形は。
嬉野　そうそうそう。
藤村　できたもんね。
嬉野　それから結局、あなたは私が思いついた撮影設計と編集スタイルのまま、飽きずにずーっと番組やってるわけだけど。やっぱり「温泉」だったんだね。

初対面でズケズケと

嬉野　俺は36歳でHTBに入ってですよ？　テレビ局なんかで働いたことがなくてですよ。あなたたちは30そこそこ、若いのだと28とか9がいるってなかに、いきなり36のおっさんが入るわけでしょう。みんな、どういうオヤジが来たかわかんないじゃないですか。「年はいってるけど、テレビは知らないって言ってるし」みたいな。「どういう人なんだろうなあ」って。……あんただけですよ。いろいろズケズケ言ってきたのは。
藤村　あー……。

嬉野 だからラクだったんですよ。あんたがいちばんラクだった。「嬉野さん、このデッキに、テープ掛けられないでしょ?」とかって言うから。
藤村 (笑)。
嬉野 「掛けられますよ!」ってかんじで(笑)。でもそういうふうにズケズケ言ってくれるから、「あ、この人とはいっしょにやれるな」と思って。あとはちょうど私が入ったころに、『モザイクな夜V3』っていう深夜番組をやっててね。藤村くんも東京支社に5年くらいいて、それで30ぐらいで本社に戻ってきて、初めて制作をやったっていう……私が来たときでまだ1年目くらいだったっけ。
藤村 1年目。
嬉野 って聞いて、それはもう素人同然ですよ、キャリアから言えば。だけど、その番組でビシバシシステムとかね、タレントさん使ってやってるのが、なんか、やたらおもしろかったから「この人はおもしろいんだなあ!」「たいしたもんだなあ」と思って。そういう信頼感は、こっちは先にあったわけ。
藤村 ふふ。
嬉野 信頼感は先にあるし、こいつとだったらやっていけるっていう、そういう自信もあった。とにかく、私にとってはラクな人だったんですよ。もともと自分が、あんまりこの業界に向いてるとも思ってなかったときだったけど、こういう人間がいるんだったたら大丈夫、俺がやれないことも全部この人がやってくれるわっていうのがあったから。

藤村　あー。

嬉野　だけど、「この人とやりたいです」って手を挙げてやったわけじゃなく、たまたまそのときの制作部長が、僕ら2人をくっつけたっていうことなんだけどね。

藤村　計算はなかったのかもしれない（笑）。

嬉野　計算はないね。計算なんかないよどこにも。

舌打ちも出ますよ

藤村　これまで特にケンカもせず、いや、大っきいケンカはないけど、細かいところではあるな。……あるあるある！「昼の12時は、午後12時と表記するのか、午後0時なのか」みたいな（笑）。

嬉野　午後0時でしょう？

藤村　いやまぁ（笑）。

嬉野　午後12時じゃないでしょう、どう考えても！

藤村　いやでもね！……みたいな話になる（笑）。そういう細かいのはある。あとこの人はずっと、いろんなところで写真を撮ってるじゃないですか。でも普段はこっちは編集やってるわけだから、「あんたは写真の整理をしてください」つって、一回やってもらったんですよ。この人は明らかに「めんどくさいなあ」なんて顔をしながら、でも写真を全部きれいに整理したんですよ。

嬉野　整理したよ。

藤村　したやつを見せてもらったのよ。そしたら自慢げな顔で「藤村くん、これいいでしょう」と。アルバムを会社の金使って、買いそろえたんだね。見ると、時系列に並んでないわけ。なんか自分が気に入った写真だけをピックアップして載っけてんのよ（笑）。

嬉野　そりゃそうだよ。

藤村　「俺はそういう意味で、あんたに写真を整理しろって言ったんじゃねえよ！」と。俺たちの思い出作りじゃなくて、たとえばアメリカ横断の写真がほしいって思ったらすぐ出せるように整理してくれって言ったのを、この人はひとつの作品みたいにして、「藤村くん、いいでしょう」って、いやいや！そうじゃねえだろ！みたいなところで、ケンカするっていうか、言い合いはあるね。

嬉野　まあまあ、最初に番組のロケで写真を撮り始めたのは、俺の個人的な趣味からだからね？　俺は個人的な思い出作りで撮ってたわけだから、それをいまさらね。仕事に入れてほしくないっていうのはあるんだよ。

藤村　いや、だけど、だ・け・ど。

嬉野　（笑）。

藤村　前に広報部が「アメリカの写真ありませんか」って言ってきたときに、あんたのその思い出作りのアルバムで探してたら、アメリカの次に、いきなり違う写真があるわけだから。それは困るでしょう。

嬉野　困るか。でもこれはさ。

藤村　……っていうかんじで、相容れないところはある（笑）。

嬉野　あんたの小言が、続く日は続くよね。

藤村　続くよ？　そうなったら。舌打ちもそれは出ますよ（笑）。で、この人は自分の思い出で写真を選んでるから、たとえば「アラスカの車の中で撮った写真、出してくださいよ」って言っても、興味がないやつだったらもう即座に「あ、それないです」とかって言うわけよ。

嬉野　それはイベントとか、度重なる広報の依頼とか、なんだかんだで貸し出しをしたあげくですよ。紛失したとかっていうことがあるわけですよ。

藤村　紛失も、確認はしてないですもんね。

嬉野　いや、だいたいしてるわけですよ。

藤村　（笑）。

嬉野　ね？

藤村　まあそういう、細かい言い合いはある。
嬉野　じゃあもっと金を出して、俺が望むとおりのね、整理棚を買ってくれるとかさあ。
藤村　買いますよ！　そんなの。
嬉野　買ってくれればビシーッともう……。
藤村　でも、もう整理しないでしょ（笑）。
嬉野　全カットをね、データ化すればいいわけじゃないですか。
藤村　やる気ないでしょ、いま。
嬉野　いや、すっごいべらぼうな金が掛かりますよ。それやると。
藤村　どうして（笑）。
嬉野　高いよそれは。
藤村　100万2000万の金が？
嬉野　もちろん。
藤村　そう⁉（笑）。
嬉野　やっていいんだったら僕やります。やりたいですもん、前から。
藤村　いいですよ。それで100万2000万掛かっても。
嬉野　じゃあもうやりましょう！
藤村　ほんとですね？

嬉野　もちろん。
藤村　どうやって100万200万の金を使うんですかそれで。
嬉野　ひとコマひとコマ、スキャンしていけば掛かるんですよ、きっと。
藤村　いいですよ。それやれば。
嬉野　やりましょう。
藤村　絶対やんねぇな（笑）。
嬉野　私はね、整理が嫌いなわけじゃないですよ？
藤村　そうですね。……この人のこういうところはもう、わかろうとはしないですけどね（笑）。

不承不承

藤村　……みたいに、ケンカというか、そういうのはある。
嬉野　根本的なケンカはしないでしょう。
藤村　根本的なのはない。
嬉野　根本的なケンカしてたら、いっしょにやってないでしょう。
藤村　そりゃそうです。

嬉野　そうでしょう？

藤村　だから小言ぐらいで（笑）。

嬉野　小言はありますよね。

藤村　僕だけが小言を言ってるように聞こえるけど、そもそも小言の原因はあんたですからね（笑）。あなたはその、「ここはこうだ」と決めたら、譲らないところがありますもんね。

嬉野　いやあ、そうですかね。まあさんざん小言を言われたら、私も不承不承「そうですか」なんて、嫌々やりますよ（笑）。

藤村　（爆笑）。不承不承でしょ⁉　納得はしてないわけでしょ。

嬉野　でもそういうふうにね、やらせてくれるのがうれしいわけですよ私は。

藤村　……あー。

嬉野　「めんどくせえなあ」って顔しながらもね、それでいけるところがラクなんです。

藤村　折れてるのこっちでしょう？

嬉野　そうなんですよ。

藤村　（笑）。

嬉野　どっかで、あんたは折れてくれるわけですよ。「しょうがないな」とあなたは思うわけですよ。こっちも「しょうがねえな」って思いながら、あんたも「しょうがないな」ってどっかで飲み込むわけだからね？　なかなかねえ、そういう人はいないですよ。

藤村　一般的にね、ケンカっていうものは、最初はちっちゃいことで意見が合わなかったのが、いつのまにか発展しちゃうんですよ。

嬉野　夫婦の離婚もそんなもんですよ。

藤村　だと思いますよ。……でもうちは発展はしないですね。写真の整理だけやってくれりゃあいいっていう、そんなことでしかないから（笑）。

嬉野　最終的にはあなたの泣きが入って終わるからね。

藤村　（笑）。

ヒラという肩書き

藤村　DVDの裏のクレジットでさ、あなたに「ヒラ」っていうのが付いてるじゃない。

嬉野　あれは、足してもらったの。俺も肩書きがほしかったから。

藤村　あ、そうなんだね。

嬉野　ただ「ディレクター」って書かれるより、「ヒラ」って書かれたほうがさあ、気分がいい。

藤村　そうですね。役割としてね。

嬉野　「チーフディレクター」「ディレクター」って並んでたらさ。

藤村　「俺のほうが下みてえだ」と（笑）。

嬉野　「ヒラ」って入ってるほうが。

藤村　「そのほうが、まだ」

嬉野　そのほうがまだっていう気持ちが、俺のなかではある。誰も理解してくれないけど、あるんだよ。

藤村　いや、いいんじゃないですか。

嬉野　なにもないよりか、「ヒラ」って書いてもらったほうがまだいい。

藤村　それは……そうなんだよねえ。それぞれにね、別に気持ちのいい場所を見つければそれで。

嬉野　そうそう。個人的なことなんだよね。でも、「『ヒラ』って嬉野さん、そんな卑下することないですよ」って言うやつもいるんだけど、卑下してねえよ！っていう。俺は「ヒラ」って書いてほしいって言ってるんだバカヤローって。

藤村　卑下じゃないよねえ（笑）。

嬉野　「おめえはそういう目で俺を見てたのか！」と。

藤村　（笑）。

嬉野　なかなか理解されない。「俺に肩書きをよこせ！」っていうことなんだよ（笑）。

藤村　あれは俺も、DVDができてくるまで知らなかったからね。俺になんの断りもなく（笑）。見て初めて「あ、書いてる！」と思って。全然いいんですよ、それはそれで。

嬉野　わかる人にはわかる。

藤村　わかる人にはわかるんだよ。……そろそろ晩飯食いに行きますか？

嬉野　行きましょう。

温泉宿の夕食を食べ終わって、
腹を割って話した

大泉洋の対応力

藤村　今回の新作（「原付日本列島制覇」）は……特に新しいテーマもなく（笑）。まあもともと、新しいものはないからね。

嬉野　『どうでしょう』に新しいものはないよ。

藤村　ただ経験が積み重なった部分で、いい方向に向いてるっていう気はすごいしたけど。実力が上がってるというか。

嬉野　実力が上がってる。5泊6日の撮影で10週以上放送なんてのは、初期のころには考えられない。

藤村　考えられない。はたからはずっと変わらないように見えるかもしれないけど、最初のときは……2泊3日でしたっけ？　最初の「サイコロ」（96年・DVD第2弾収録）

は。

嬉野　2泊3日ですね。

藤村　2泊3日で2週。それが今回は5泊6日で十何週とかいっちゃうから、そういう意味では明らかに変わってるんだよね？　それで、なおかつおもしろくなってる。

嬉野　おもしろくなってる部分が、多かったからでしょうねえ。放送分が伸びてるっていうのは。おかしいですもん、話してることが。

藤村　編集した部分を何人かに見せたけど、だいたいもう……最後涙流して笑ってるからねえ。自分もやっぱり、編集が進むもんね。「やりたいやりたい」って思う。だから早いとこもう……ＤＶＤ（の編集）を終わらせて（笑）。おんなじ編集作業なんだけど。

嬉野　なるほどなるほど、新作のほうに掛かりたいと。今回は大泉洋のしゃべりがおもしろくなってるっていうのも、あるんじゃないの？

藤村　対応力がすごい。昔はそうはいっても、10あったら対応できるのが2とか3で、だけどいまは10あったら10対応するんだよね。で、それぞれを一定のレベルに持っていくんだよね。

嬉野　なんなら編集しなくてもおもしろいかもしれないっていう、瞬間もあるわけで。まあ今回、図らずもカブだったからね？　ずーっと（カメラを）回しっ放しっていう状況だったから、なおさらそれが如実に出たんだろうね。

藤村　余計なものがないのよ。「サイコロ振りましょう」だとか「深夜バスに乗ります」とか、そういうことが一切ないから。

嬉野　そういう儀式めいた縛りはない。

藤村　だから俺らからすると、サイコロ振ったりだとか、カード引いてどっか行ったりっていうのは、もう余計なことになっちゃってるから（笑）。でもテレビだったらふつう、それこそが本筋っていうか、それがないと成り立たないっていう考え方があるんだろうけど……でも、そういう事前の仕込みネタみたいなものは、われわれのなかでは余計なことになっちゃってるんだよね。だからといってただ単に、旅してるのを見せてるだけかっていうと、そういうわけではないんですよ。

「藤村くん、一番取るか！」

藤村　それぞれの役割っていうのがちゃんとあって。だから仮に、ありえないことなんだけど、『どうでしょう』を他の人で作れ」って言われたら、形は同じでも別のものになるしかない。

嬉野　その役割っていうのは、取替えがきかないから。

藤村　大泉もミスターも出演者っていうより、それぞれ「大泉洋」「ミスター」っていう役割だから。で、こっちはディレクターっていう役割かっていうと、「嬉野」であり、「藤村」っていう役割だからね。

嬉野　そのなかであんたはいちおう大泉くんを挑発したり、いろんなふうに操作したりっていうのはあるんじゃないの？

藤村　操作っていうか、基本は「場所」を作るというか「状況」を作るというか。新作だと、初日にカブに乗って箱根あたりに着いて……ふつうだったら夜は、ふとんの上でトークしましょうって、お決まりのやつがあるわけじゃないですか。でも今回はそれをあえてやらずに、呑んだくれて寝てる状況を作るっていう。それは大泉を挑発するとかなんとかっていうより、俺は今回、4年ぶりの『どうでしょう』として、そういう場のほうがいいと思ったんだよね。「初日にそんなにしゃべるネタもないだろう」っていうことも思ったし。

嬉野　なるほど。

藤村　それから単純にもう、3時過ぎに宿に着いて明るいうちから温泉入って、ミスターなんか「いやー……やっぱりいいな、こういうとこ来ると」かなんか言ってのんびりしてて。メシがまたうまくて腹いっぱい食っちゃって。それで俺も大泉も最近、酒飲めるようになっちゃったもんだから、飲んでるうちに「まぁいいか、これで」って、2人ともなってきちゃうからね（笑）。そうなったらカメラ回すときはもうすでに、浴衣が半分はだけた状態で、もう「トークなんかねえよ」っていうぐらいな状況で。それでまぁ、なんとなく寝そべりながら「いやー、今日はよかったねえ……」ってぐらいでいいかなと思ってたんだよ最初は。そしたら大泉が、あいつなりの役割として、なんにも言わないけどもろ肌脱いで、柱に向かってデン！　デン！とこう、鉄砲（相撲の突っ張り稽古）を始めたわけだよ（笑）。それで「おぉ〜藤村くん。どうだ、一番取るか」って。

嬉野　（笑）。

藤村　それはただ単に、ポーズとして言ったと思うんだよね。むしろ大泉が挑発してるわけですよ。あいつは挑発だけして終わると思ったんだろうけど、俺は今回その挑発に乗って、本当に一番取ったわけだ（笑）。上半身裸で、ビッシビッシ張り手をかまして。……そういう役割ってのは大泉にしかできないし、役割ってのは人格的なもののパズルでしかありえないから。それを他の人でもやろうってのは絶対無理がある。んで、大泉の場合そこに「なにもないな」と思ったら、逆に挑発する場所を作ることもできるというか。

オチは誰も考えてない

嬉野　そこは臨機応変だね。

藤村　そうそう。すべては流れでしかないから。逆に初めっから計画どおりに進めようと思ってると、いきなり違う形でいい流れができたとしても、その流れに乗っかれない。だからそのつど、そのときの流れをなんとなく読んで、流れのなかで場を作るってことでしかない。俺らはそれしかやってないと思うんだよ。「どうオチを付けるか」とか、「どう終わろうか」っていう計画は、基本ないから。

嬉野　それでもなにかしらの形は付くもんで。

藤村　最後のオチまでは考えてないけど、たぶん最初にあなたが言ったみたいに、「こっちなんだ！」って思う瞬間っていうのを、そこにいる連中がちゃんととらえられるかなんだろうね。オチは誰も考えてない。結末はなんにも考えてない。だけど「その流れに乗っていけば、たぶんいいところに行くんじゃないの？」っていうのが見える瞬間がある。そこだけだと思うんだよなあ。そこをキャッチできるかどうかっていう。

嬉野　それは必ずしも、オチらしいオチじゃない場合が往々にしてあるけどね。

藤村　ふつうはオチらしいオチを、なんとか付けようとするわけじゃないですか。オチが付かないとナレーションとかで、無理矢理いい話みたいにしてみたりね（笑）。でも俺らのなかには、「結論が見えてたら、誰も胸躍らないでしょう？」っていうのが、共通認識としてあるじゃないですか。だけど、たとえば以前のミスターには「結論がないと、できないでしょう？」っていうのが、たぶん考えのなかにずっとあったと思うんだよね。だから「ここに行かなきゃだめでしょう」「いま、こんなことやってる場合じゃないでしょう」っていうのが、あの人のなかには常にあったんだろうなあと。でも一般的にはそうだと思うんだよ。「結果を求めなきゃ、前に進めないでしょう」っていうのは。でもよーく考えたらだよ、たぶんみんな、結論のために進んでるんじゃなくて、ちょっと先のことだけを考えて進んでる……と思うんだよね。それが実はいちばん気持ちいいんじゃないかと。だって結論ありきで進んでると、その道のりは苦しいだけだもん。

嬉野 寄り道はまあ、できなくなるねえ。

藤村 俺らの旅の場合は、体力的に無理すれば1日1000キロだって走れるから、目的地に着かないってことはないわけでしょ？ だけどハナっから目的地に着くっていうことだけを結論にしてたら、その結論と矛盾しないように無理やり感動的にするとか、なんとかこじつけようとするから、それはもう苦しいんだよね。自分が無理してると思うことは、やらないほうがいいっていう。それは逃げてるわけじゃなくて、「そこを突き詰めても、いいものにはならない」っていうのが、もう見えちゃったからだと思うんだよね。

嬉野 そうだね。

藤村 それは『どうでしょう』っていう番組で見つけた、ひとつの方法論で。もちろん計画的に作り込んだバラエティっていうのもあって、俺はそれも全然好きなんだよ。コントもすごい好きだし。台本があって、緻密に間合いとかを計算してっていうのもね。だけど作り込んだものをやろうと思うと、演者のほうに力がないとだめだから。でもそれは残念ながら状況として、ローカルにはないっていう。……いや、大泉とやるんだったら、いまはできると思うよ？　作り込んだものもあいつはすごく理解できるから。でも当時はそんなこと思ってなくて、状況としてこっちに行ったほうが勝てるっていうか、ベストだなと思ったからそうしたっていう、それだけの話なんだと思うなあ。

なぜ理想をやらないの？

藤村　「勝てるかどうか」っていうか、「負けない」っていうことを、よく嬉野さんも言うじゃないですか。

嬉野　はい。

藤村　自分が苦しくなると、どんどんどんどん自滅して負けになるから、そういうことはしないと。で、自分が苦しくない、「これはいける！」って思ったものはたいがい……いや、ボロ勝ちはないのかもしんないけど、「これ『負け』じゃないよね」ってものができる。だから、無理なことはしない。無理なことをするっていうのは、すなわち負ける可能性が高くなるっていう。

嬉野 ローカルだからっていう部分も、大きいと思うんですよ。さっきあなたが言った、ローカルの人材とか、お金とかいろんな面で、「東京がやってるから、うちもやんなきゃいけない」っていうふうには動いちゃいけないっていうのがあると思う。「どんだけのものがわれわれにあるか」っていうのは、ちゃんと考えればわかるからね。その手の内にあるもので張り合うためには、「勝たないまでも負けない」っていうことをやり続けないと。

藤村 「勝たないまでも負けない」っていうのを真剣に考えた場合に、東京でやってることをローカルでやった時点で、これは「勝てない」んですよ。勝てない。もう負けしかない。もうあとはみんなで「よく健闘した」って言葉でなぐさめ合うだけで。

嬉野 そう。

藤村 なのにみんな、東京でやってることを真似しようとするじゃない。その時点で「あ、この人たちは本気で勝負する気がないんだな」ってすごく思う。逆にその一方で、「ローカルの強みっていうのは、地元の細かいネタを拾って」みたいによく言われるけど、そうするとこんど俺らからすると、「地元のネタだけで、毎日おもしろくできるわけないでしょう」って。「むこうは全国からネタを拾ってきてんだよ？　結局それも明らかに負けが見えてんじゃん」って思うから、どっちでもないんだよね。ることもなく、だからといって東京と同じことをするわけでもなく。じゃあなにかといえば、「ここにいる自分たちがやりやすいことをやる」っていう……その観点しかない。でも人は「自分たちがやりやすいようにやれれば、もちろんいちばんいいですよ？　だけどそれは理想論でしょう」って。

嬉野　まあ言われそうだよねえ。でも……。

藤村　でも「理想論だと思ってるんなら、なぜその理想をやらないの？」って思う。

嬉野　ローカルテレビの事情はあるんだけど、視聴者的には地方にいたって、東京のテレビ番組がふつうに流れてるから、横並びのライバルって東京の番組なんだよね？

藤村　そうそう。そうだね。

嬉野　そのなかで東京の番組に負けないものを作んなきゃいけないっていうのが、われわれの出発点にあったわけでしょう。

藤村　そう、どうやったら負けないか。

嬉野　東京の番組としては、毎日毎日、店先にいっぱいおいしそうなものを並べなきゃいけないっていう状況がある。だけど田舎のこの人材と労力で、おんなじ店が開けるかっていうと、それはもうできないのは決まってて。ただ頭数（あたまかず）と商品だけそろえてご都合で店先に並べたって、それがうまくなかったら、誰も喜んでくれないに決まってんだよね。

藤村　うん、うん。

業界より生活者の常識で

嬉野　だったら、うまいものができたら、そのときに出す。「あそこの店はいつもものがあるわけじゃないんだけど、ものが出てるときはうまいんだ」って思われればさあ、負けはしない気はするんだよね。

藤村　負けはしない。絶対負けはしないですよ。うまいものができたときに出してるんだからね？

嬉野　そう。それがたまたま東京に並んでるものよりうまかったら、「うまい！」と思ってくれる人が何人かいたら、それでもう商売になるっていう。勝手に噂を呼んでくれるってところもあるから。

藤村　でもみんな店先に、年中並べようとするんだよね。

嬉野　並べたがる。東京とおんなじ見栄えにしたがるんだよ。

藤村　北海道で冬に野菜なんかできるわけないのに、野菜も並べたくなる。「そうじゃないと勝てない」って言うんだよね。

嬉野　言うよね。

藤村　「いやいや、冬の北海道でわざわざしなびた野菜を出した時点で負けでしょ」って思うんだけど、みんな「それじゃ勝てない、むこうのほうが品ぞろえ多いんだから」っていう発想になってしまう。

嬉野　だから『どうでしょう』をレギュラーでやってたころは、「1ヵ月半やったら2週休み」にしたんだよね。そこで「毎週毎週やってないとだめだ」「視聴者が離れる」っていうのは当然、常識としてはあるわけだけど。でも2人っきりでやってたら今度、編集をやりながらロケに行く時間が作れなくなるのよ。頭を休める休日も作れないし、そしたら自分のなかに余裕はなくなるから。もう「やんなきゃいけない、やんなきゃいけない」だけで走るしかないでしょう？　それはもう絶対、全滅するのは目に見えてるんだよね。

藤村　なんかみんな、「店を休んだらお客が来なくなる」っていう強迫観念だけで、商売をやってる気がするなぁ。

嬉野　前にあんたにも言ったけどさ、俺が子供のころに住んでた町内に、上海軒っていうラーメン屋があって、そこの肉饅頭がうまかったんだ。でもそこの夫婦は旅行好きで、不定期に店を閉めちゃう。そうすると「なんで休んでるんだ！」ってみんな怒るんだけど、それでもうまいっていう認識があるから、夫婦が帰ってくるとやっぱり並ぶんだよね。なんでも同じだと思うよ？　饅頭もテレビ番組も。それはだから、業界の常識でなくても、生活者の常識で渡っていけるということだし、そのほうがいいってずっと思ってるわけで。
『どうでしょうリターンズ』

嬉野　だから『どうでしょう』も、当時「毎週やるのは無理です」って会社に言ったときは、「常識的にどうだ」っていうことにはなりましたよね。

藤村　それでもね、昔は『大相撲ダイジェスト』っていう番組が、場所（相撲の興行期間）ごとにあったから。

嬉野　あ、いちばん最初はあったんだよね。そうそう。

藤村　だから「1ヵ月半やったら2週休む」っていうのは、プログラム上そうなってたから、ふつうにそれができたわけ。だけど相撲人気も衰えて、『大相撲ダイジェスト』が編成されなくなり、そこで「毎週作れ」って言われたときに、われわれは「いやいや、できないできない」「いまさらそんなことしたら、質が落ちるに決まってる」っていうところだけは、もうずうっと言い続けたね。

嬉野　それで再放送をやってもらった。

藤村　「じゃあその2週、どうするんだ」っていうことで、『どうでしょうリターンズ』って名前で再放送を2週だけはさんで。

嬉野　まあね、あれもちょっと編成的にはむちゃくちゃな（笑）。

藤村　むちゃくちゃだけど、でもそうしないと品質が保てないっていうか、おいしいものが出せなくなるっていう、俺たちにしたら当たり前のことなんだよね。

嬉野　強い確信があったから。

藤村　「それは常識としてはおかしいでしょ？」って言われるけど、「常識って、じゃあ誰が作ったの？」って言うと、だいたいみんな口ごもるから。「いや、もともとそういうことでしょう」「そういうことってどういうこと？」って、もう理詰めで押して。もちろんこっちも、組織の論理っていうものも理解はできるけど……だけど「じゃあ、しょうがないからやります」とは絶対に言わない。

嬉野　それは言わないねえ。

藤村　だから結局、会社のなかで異端にはなるんだよね（笑）。それでも、おいしいものを出し続けるにはこっちで考えないと、誰も考えてくれないから。実は組織って、そんな個別のことまではいちいち考えないからね。こっちがちゃんと考えてないとだめなんですよ。

嬉野　そうね。考えないとだめだね。

藤村　組織のなかでは正論をぶつけても通らないっていうのは、それはあるから。でも、そうは言ってもうちの会社の場合は、『どうでしょう』に関してそういう横槍みたいなものは全然なかったよね。

どうでしょうはラクになる

嬉野 その『どうでしょう』を、なんで視聴者がおもしろがってくれるかというのは……俺もどっちかっていうと、立場は半分、視聴者だと思ってるからね。なんとなくわかるような気がするんだけど、やっぱりラクなんだと思うんだよね、『どうでしょう』っていう世界は。眺めていてラクになるんですよ。私も作りながら、ラクになるわけですよ。だから、なんでラクになるかっていうとですよ……（黙考）……いや、なんか俺、言いたいことあったんだけどなあ。

藤村 （笑）。

嬉野 さっき来るときに、車の中で宗教の話をしたじゃないですか。それでなんか思ったんですよね。それこそ、旅に出るなら旅に出るっていう企画発表があって、4人のメンツがそれに向かっていくんだけど……まあそもそもタレント以外のディレクターもね、物語のなかの登場人物の頭数に入れてしまうっていうのもおかしな話なんだけど。うーん……一切合切、その手の内を、見せてくれてるっていうのかなあ。

藤村 「作ったところがない」ってよく言われるわけじゃないですか。

嬉野　まあ、でもなくはないんだけどねえ。

藤村　その「作ったところがない」っていうのは、「全員の立場がいっしょ」ってことなんだろうなと。出てるほうも、作ってるほうも、立場がまったくいっしょなんだよ。そうすると上下関係ってないんだよね。基本的に。

嬉野　上下関係はないよね。

藤村　まあ大泉には上下関係はすごく主張するんだけど、おたがい（笑）。主張するんだけど、結果として上下関係はないんだよね。そうすると見てる人が気がラクっていうのは、あると思うんだけどね。タレントがいいもんになってこっちが悪もんになる、っていう……だけじゃないでしょう。

嬉野　あー、そうだよねえ。

潔癖だけじゃない居心地

藤村　「誰が悪で、誰が善で」っていうのがない。

嬉野　そう、そうかもしれない。ほら、さっき、うちの実家がお寺だって話したでしょう？　でも檀家さんというのが極めて少なかったから、寄付金みたいなものに頼れなかった。だから年に4、5回宗教行事をやって、イベントをやって、近郷近在からフリーの信者さんを引き寄せるっていうね？　そこでいろんな、「家内安全」とかのご祈禱をして、お札を買ってもらって、お金を落としてもらって、うちの家族は生活してたんですよ。

藤村　うん。

嬉野　で、親父は、いい人でした。責任感もありましたし、私と違って頼りがいもありましたしね。性根の据わった人でしたし。それでいろんな人が親父を慕ってくるわけです。でも親父についてよその寺に行くと、やっぱりうちと違って羽振りのいいところもあるわけですよ。

藤村　はいはいはい。

嬉野　外車に乗っておられて、眼鏡も金ぶちっていうか、ほんとにゴールドっていうかんじの。お寺にも家族だけじゃなくて小僧さんも住んでてね、奥さんもあまり細かい仕事はしてないみたいな。そういう人は物腰も違うわけです。大物っぽいの。とにかく……いろんなお坊さんがいてね。息子の学資も檀家さんに寄付を募って、一人頭いくらって割り当てることをふつうにやってるお寺もあって。それは檀家さんたちも納得してのことなんだけど、それでも愚痴めいたことをよそで漏らす人もいて（笑）。俺はねえ、そんないろんなものを見てきて……なんか宗教には、お寺には、やっぱり人がたくさん集まるからか、お金が見え隠れするところがあるんですよ。「拝観料５００円」

とか、聖なる場所のわりには金がらみの札が貼ってあったりするんですけど（笑）。俺はでも、そういうのも全部込みでね……とっても好きなのよ。

藤村　ほう。

嬉野　清廉潔白な宗教家だけがやってる、ていうんじゃなくて。

藤村　はいはいはい。

嬉野　ちょっと金まみれになった人も。

藤村　（笑）。

嬉野　いたり、「ちょっと生臭くないか」っていう人もいたりして、それもこれも込みでね。坊さんにもいろんなキャラの人がいて回っていってるっていう状態が、とっても居心地がいいっていうかなあ。それに近いところを『どうでしょう』さんのなかに感じたりする。やっぱり悪人めいた発言があったりするし、悪人めいた仕打ちもしてるんだけど……でも悪びれずにいるっていうのがさあ。

藤村　そうだね（笑）。

嬉野　結局、悪にまみれてるかっていうとそんなことはないわけで、えらい小心者だったりっていうのを、露呈させてくれるわけじゃない。そういう雑多な……潔癖なだけじゃないっていう。そういうところが実にいいっていうのが、あるかなあ。

「俺にパンをよこせ！」

藤村　大泉が『どうでしょう』のなかで、わざとそういう人格を作り上げることが、よくあるじゃないですか。

嬉野　あるよね？　ちっちゃな子供にすごい悪い言葉を吐きかけたりさあ。あれもたまらないんだよね。

藤村　たまらないよね（笑）。一回ね、四国でお遍路してるときに、駐車場に犬がいて。嬉野さんは動物、特に犬が好きだから「よしよし」って近付いてって。その犬が、足が悪かったんだよね？

嬉野　そうだよ、1本足がなかった。交通事故かなんかで。

藤村　それで嬉野さんが、持ってたパンを犬にあげようとしたら、大泉が車の中から、「おい、犬にやるぐらいだったら、俺によこせよ！」って言ったんだよね（爆笑）。

嬉野　「ひどいことを言うなあ」と思ってさあ（笑）。

藤村　「ひどいなこいつ」と思いつつ、気持ちよくて笑っちゃってさあ。

嬉野　そうだね。そういう、ややもすればまわりが眉をひそめるような発言をね？　時折カマしてくるところがさあ。

藤村　そうそうう（笑）。

嬉野　やっぱり俺なんかほっとするっていうか……。

藤村　ほっとする。そう、「ほっとする」んだよね。

嬉野　だからほんとに雨ん中、タレントが車から出て「何番なんとか寺！」ってやってる時に、ディレクターが車から降りないで、勝手に窓も閉めるみたいなことをやりたくなるっていうか、そういう「悪の快感」っていうのもね？　あるんじゃねえかと思うもの。

藤村　あるある（笑）。

嬉野　だから、ある程度毒を小出しにしていかないと。

藤村　小出しにしていかないといけないのよ。

嬉野　あんまり「それは悪いことでしょう、いけないでしょう」って突き詰めちゃうと、ある時その潔癖の反動でぐわーっとひっくり返って、取り返しのつかない、ろくでもないことになるんじゃないかと。ね？　だからそのお寺さんも多少金にまみれてるとかっていうイメージも、一切合切をひっくるめた上で、物語として眺められるのが重要だと思うんだよね。

藤村　それがあると、こっちは安心できるっていう。あれで犬に対して4人が4人、そろって「うわあー！　かわいそうだなあ」つって、「ねえ、車に乗せてやろうよ」ってなっちゃうと、どっかで苦しくなってくるよね？　見てるほうはたぶん。
「知ったことか」

嬉野　確かにね。でも、そこで悪態をつくっていうのは、誰でもいいっていうわけにはいかない。やっぱり悪役の似合う人ってのがいてね、そういう星のもとに生まれてる人がやると、あんまり嫌味じゃない。

藤村　（笑）。

嬉野　そういう人がやると、あとに残らないみたいな。それでいてちょっと笑っちゃう、ちょっと気持ちいいっていうのがあるね？　そういうのがうちには、2人くらいいるからさあ。

藤村　（爆笑）。

嬉野　それがいいよねえ。その悪い2人が言い争ってたりするからね（笑）。それはやっぱり安心するんだよねえ。そういうときにミスターは一切ノータッチでいるけど、あれも気持ちがいいんだよね。

藤村　その「おもしろい」っていうか、「安心する」っていう……安心するから何回も見ちゃうんだろうね？

嬉野　ね。その悪役っていうか、悪人的なものの重要性って、あるような気がするんだよ。

藤村　俺も編集してて、何回も気持ちよく見るところって、たとえば「アラスカ」（98年・DVD第12弾収録）で大泉の料理に俺が文句言ったときに、あいつが「なに言ってんだ！　あんた、バカじゃないの⁉」って、どわーって言葉を返してくるところとかなんだよね。

嬉野　そうだね。そういう時にも、「人を罵倒してはいけません」なんて、清廉潔白なことを言ってくる人も世の中にはいる。だけど、「知ったことか」だね（笑）。……「知ったことか」っていう言葉もいいなあ。なかなか言えないんだよ、そういうことは。公の場では。でもほんとに「知ったことか」っていうことも、あるんだよね。

藤村　ほんとはテレビって逆に、なんでもありだったんだけどね。

嬉野　あー、そうだね……。もっと地位の低いものだったんだろうね、昔のテレビって。馬鹿にされるようなものだったんじゃないかと思うんだよね。

藤村　馬鹿にされてたから「べつにいいだろう？」ってやってたところはある。確かに俺らもローカルで作ってるときは、「たかがローカルだからべつに問題ないでしょう」っていう気持ちはあったよね。

嬉野　ありましたありました。

藤村　確かにテレビは、地位が低かったのかもしれない。

嬉野　いまは権威になっちゃった。テレビ自らも、そう思い込んだんじゃないのかなあ。完全無欠であるべきだと。

悪の浄化作用

嬉野　あと大泉くんで好きなところは、四国に行ってるときにさんざん山坂登らされて文句ばっかり言ってて、それで高知あたりまで来たときに、突然「ありがたいなあ〜」って言い出すんだよね（笑）。あれがなんかたまらないんだよね……。

藤村　たまらないね（笑）。

嬉野　「おまえそれ、本当に思ってるのか」っていうのはあるしさあ（笑）。だけどあんなにはっきり「ありがたいなあ〜」とかって言ってるし。「いやあ藤村くん、やっぱり寺はありがたいねぇ」かなんか言ってるのを見ると、なんだかよくわかんないけど、いい人には100パー思えない。

藤村　転びそうになったら急に手を差し出して「嬉野さん、大丈夫ですか？」なんて（笑）。

嬉野　ふつうね、「ありがたい」と思ってる人は、あんな大きい声は出さない。

藤村　（爆笑）。あんなに誇示しないよね？　人に対して。

嬉野　あれはなかば、憂さ晴らしでやってるところがある。

藤村　憂さ晴らし（笑）。

嬉野　でも好きなんだ。だからあれもやっぱり悪のキャラが入っていて、「どうして悪のキャラはこうも、心を浄化してくれるんだろうか」と思うところはあるんだよ（笑）。

藤村　そうだねえ。

嬉野　俺は「四国八十八カ所」のオフラインの編集（仮編集作業）をやってるときに、実家の事情で、気持ちが落ちてたわけですよ。

藤村　はいはいはい。

嬉野　そのときにあの、「ありがたいなあ～」のくだりをね？

藤村　あ、まさにそのときに編集してた！

嬉野　編集してたんですよ。そうしたらもう……笑っちゃってさあ。バカバカしくなっちゃって。自分の悩みが。

藤村　（笑）。

嬉野　「なんて俺はちっぽけなんだ」「こんなすごい世界があるんだ」って思っちゃった。

藤村　こんな悪人が「ありがたい」っつってる（笑）。

嬉野　そうそう。自分の意思でもないのに、車で連れられてさあ。それにあらがうわけでもなく。半ばすさんじゃって、そのあげく「ありがたいなあ～」なんて言ってるっつうのはね。

藤村　（爆笑）。

嬉野　俺は救われた気がしたんだよね。あれを編集してて、「あー、ここはこういうふうにつないだらおもしろいなあ」とかやってるうちに、すごくすっきりしちゃったね。ほんとにありがたいと思った（笑）。だから悪の浄化作用っていうのは……いや、ほんとの、真の悪じゃないよ？　嫌味のない悪キャラの持つ浄化作用っていうのは、これは魂に響くんだと。

みんな小悪党

藤村　真の悪人の悪事見ちゃったら、すさむばっかりだけど。

嬉野　そうそう。

藤村　だけど悪になりきれない人がそういうところを見せてると、それはちょっといいんだよね。『どうでしょう』はそこのところを突いてくるから。……だって悪人ではないからね？　全員ね。

嬉野　悪の素振りがうまいんだよね。言いにくい状況で、言いにくいことをスッと言ってくれる。

藤村　大泉なんかは、悪に対する憧れがあるんですよ。ずいぶんいい家庭環境で育ってるからさあ（笑）。

嬉野　そうなんだよねえ。

藤村　悪人にはなれない、あいつは。

嬉野　あの人も笑いが好きで、年のわりに古い人を知っててさ。よく物真似とかやってるでしょう。40年くらい前の、東京の売れない漫才師ふうなものをね。客の全然入ってない小屋で客をいじりながらブーたれてるみたいなところをやるのも、うまかったりするんだよねえ……。

藤村　ちょっと弟子に小言を言ったり、なんてのはうまいよね。

嬉野　いやらしいところを出してるんだけど、嫌味じゃなくやってるっていうのがさあ。結局『どうでしょう』には悪キャラが2つ。2大悪党がいる番組だっていう側面もあると思うんだよ。バトルしてる2人がどっちも悪人だから、こっちは心配しなくていいんだよね。「両方傷付きゃいい」って安心して見てられるんだ。

藤村　「両方傷付きゃいい」！（爆笑）。確かにね。善人がいじめられてたら心配しちゃうけど……。

嬉野　「どっちが傷付いても構わねえや」みたいなかんじで見てられっから、気楽なんだよねえ。そしてその悪人が、あるときには傷を舐めあって。

藤村　（笑）。

嬉野　シェイクハンドして「なかよくやりましょうよ」ってやったりするから、それもちっちゃくていいんだよね。

藤村　ちっちゃいんだよねえ（笑）。

嬉野　甘いもの早食い対決の「対決列島」だって、やっぱりみんなミスターを応援するでしょう？　藤村さんはほっといても勝つだろうし、そんなものは。

藤村　まぁあれは、俺の勝ちありきだからね（笑）。

嬉野　あんな嫌味な、藤村っていうのがね、絶対勝つ種目でさんざんミスターを負かしているっていうのは、そりゃあ応援する人は少ないでしょう。

藤村　うーん。でもこっちも本当の悪党じゃねえから、応援も半々なんじゃないの（笑）。

嬉野　あのときに出してくるミスターの姑息さも、やっぱりこたえられないところがあるんだよねえ。ちょっとした隙に、猛ダッシュをかけるっていう（笑）、あれもいいよねえ。

藤村　旅館で、ずんだ餅かなんかを早食い対決するっていうね。

嬉野　「いや、もう食えないですよぉー」みたいにちょっと油断した素振りを見せといて、不意にスパートをかけるんだけども、全然あんたに追いつかれるっていうのが。

藤村　（爆笑）。あれからすると、あっちが悪人だよ？

嬉野　ミスターも善ではない（笑）。たまに小悪党みたいになるのも、やっぱりいいよねえ。……すると登場人物は、みんな悪人じゃないですか。

藤村　巨悪ではないからね？　小悪党だからね。ちょっとズルして、「用意、スタート！」の「ス」でスタートするぐらいの、そういう小悪人だから（笑）。

嬉野　言うことだけはでかいんだけど（笑）。

藤村　（笑）。

はりつけが似合う人

嬉野　俺はそういうのを、あくまで善人の立場で撮影をしてるわけですから。

藤村　善人だけど、声を荒らげて怒るときもありますからね、先生も。

嬉野　それは地が出ちゃうんですよ。

藤村　（爆笑）。それは、善人でもなんでもないじゃないの。

嬉野　善人じゃないわけですよ（笑）。でも私に悪は似合いませんもんね。私もそういう星のもとに生まれてたら、それはやりたいですよ当然。好きなんですから。好きなんだけど、これもやっぱり芸ですからねえ……。ただ好きだからって真似をすると、生兵法でケガをする。だからやらないんですよ。

藤村 まあね。たとえばファンが大挙して「おい『どうでしょう』！ いいかげんに新作やれ！」とかって暴動になったときに、いの一番にはりつけになって吊るし上げられる悪党は、俺なんだろうね（笑）。

嬉野 裸にむかれてね。

藤村 それは大泉でもなく鈴井でもなく、嬉野でもなく、たぶん俺なんだよね。それがいちばん似合うっていうのは客観的にわかるんだよ。「やめろ——!!」とかって言ってるけど、絶対に死なないんだこの人は。なにか姑息な手を使って逃げるだろうから。そこに安心感もあるんだ。

嬉野 ヒゲも生えてるしね。

藤村 ヒゲは関係ねえだろ（笑）。

嬉野 裸にむかれてはりつけにされてね、それでも「おいやめろ！」「おまえたち恥ずかしくないのかー！」って言ってるかんじがするものやっぱり。

藤村 するよね。逆に説教し始めてね。

嬉野 最後は土下座でもなんでもしてあやまるんだけど、最後までそれは出さない。

藤村 （爆笑）。

嬉野 そんなかんじがするからさあ、吊るし上げてるほうもラクだよ。心が痛まない。

藤村　痛まない痛まない。

嬉野　やっぱりみんな「悪の浄化作用」を感じ取ってるんですよ。

文房具屋の婆さん、新幹線の売り子

藤村　確かにそういう、悪人の気持ちよさっていうのはあります。

嬉野　昔は世の中にいっぱいいたんですよ。悪人っていうとおかしいけど、たとえば俺が行ってた小学校の脇には、ちっちゃい文房具屋があって、婆さんがひとりでやってたんだけど、小学生が来ると「敷居踏んでる！」とか「掃除しろ！」とか、客商売とは思えない仕打ちをしてたわけ。

藤村　うるさいんだ（笑）。

嬉野　でも他に店がないから、子供たちはしぶしぶ買うわけじゃないですか。そういう商売のしかたでも、成り立ってたんだね。それでも食っていけるから、横柄なまんま商売してたわけでしょ？　そういう人がわりと町内にいたっていう。いま、きれいさっぱりいないよ？

藤村　いないねえ。

嬉野　いまはみんなもう、こっちがビビるくらいに過剰にサービスしてくるから。「そこまで慇懃無礼にしてほしくない」っていうような。それだとやっぱり、悪党慣れしなくなってくるから。

藤村　よくないよね？

嬉野　30年くらい前まで、新幹線の車内販売の売り子さん……悪でしたよ？

藤村　え、そうなんだ（笑）。

嬉野　悪でした。愛想がない。

藤村　愛想はなかったね、確かにね。

嬉野　なんかね、横柄。ブスっとしてたもの。笑顔がない。それで商売してたんですよ？

藤村　だってむこうは、新幹線のなかでは独占企業だから（笑）、べつに媚びへつらう必要がないっていう。「買いたきゃ買えよ」っていうところはあるからね？

嬉野　そう。こっちは不満タラタラなんだけど、いつ乗ってもそうだから「ああ、こういうものなんだ」と。

藤村　（笑）。

嬉野　昔は当たり前にそうだったんだけど、それもいなくなっちゃうと寂しいっていう。いや、当時はおかしいと思ってたんだよ？「客商売だろ！」って思ってたんだけど、完全にいなくなっちゃったら、「いやー、どっかにいねえかなそういうの」って思うんだよ。

藤村　（爆笑）。

嬉野　「帰ってこねえかなあ」と思って。「いまなら俺、ひいきにするんだけどなあ」とか思うんだけど（笑）。

安全第一どうでしょうグッズ

藤村　確かに、いまは行き過ぎてるところがあるからね。「そこまでやんなくても」っていうのは。

嬉野　どこに行ってもサービスが達者だからさあ。そんなに敬ってほしくないわけですよ。逆に居心地が悪いっていうか。多少「おまえなんかすっこんでろ！」って言われたほうが、「コンチクショウ！」って思って生きていけるから、まだいいんだよ。

藤村　そうだねえ。でもこれから多少揺り戻しはありますよ。「そこまでやんなくても」っていうのは、みんな思ってるから。

嬉野　だからあんたがさ、客に「グッズを買え」って言ったり、ＤＶＤで「ボタンを押せ」とかって書いてたりすると、逆に喜ばれるところはあるでしょう？

藤村　あー、そうだね。

嬉野　そういう悪党を内包した番組っていうのが『どうでしょう』だから（笑）。「暴言吐いても罵倒しても、安心して見れる悪」っていうか。それはもうあなた、芸の一つになってると思うよ？

藤村　われわれこの前も、北海道の物産展かなんかの会場で流す、呼びこみの声を録音したでしょう。（ダミ声で）「いらしゃい、いらっしゃい！　安全第一、実用本位の『どうでしょう』グッズ！」なんて。絶対悪党じゃん！　こいつ（笑）。

嬉野　絶対なんかごまかしてるよ（笑）。どっかうしろ暗いから大きな声出して。だってグッズに「安全第一」もクソもないわけじゃないですか。当たり前なんだけど、そういうわざとらしい言葉を入れたいっていう。

藤村　裏になんかあるんじゃないの？っていう、変な含みを持たせた呼びこみが、いま求められているんじゃないかと。「実用本位！」とか、いまあえてそんなこと言わないからねえ。

嬉野　そんなスタイルないもん、いま。……だから極端に言えば、そういう世の中からなくなってしまった、懐かしいものを『どうでしょう』は盛り込んでる。悪に限らずね。

藤村　そうそう。それは10年前からそうなんだよ。

癒すより腹筋を痛くしたい

嬉野　つまり、そういうふうにいまの時代に必要なものを盛り込んでやってるから、われわれは楽しそうに見えるのかもしれない。

藤村　常に「温泉」につかることを考えてるから、苦しくはならないですよ。苦しくなったら、『どうでしょう』さんは絶対どっかでサボりますから。それがあるから見てるほうも安心なんですよ。これが最後までがんばられちゃうと、見てるほうも「なに見せつけてんの？」って。「あんたたちががんばってるのを、そんなに見たいわけじゃない」って。そりゃそうなんです、がんばってる姿を見せるっていうのは、善人ぶりを見せてるだけですから。

嬉野　そこには悪の浄化作用がない。

藤村　ほんとにつらそうなのは、見てるほうもやってるほうも嫌なんですよ。『どうでしょう』さんは「つらい、つらい」と言いつつ、本当につらいことはやらないから。

嬉野　昔「韓国」（97年・DVD第5弾収録）でね、全然食えなかったとき——あれはもうつらい一方で。

藤村　あれで気づいたよね。「あ、つらいことやってもダメなんだ」っていうのは。

嬉野　つらいからつって、おもしろくはならない。余裕がないと、ある程度演じないと。……「長距離バス」（01年・ＤＶＤ第25弾収録）は逆に、タレント2人はずいぶんつらそうにしてたけど。

藤村　つっても、他にもお客さんがちゃんと乗ってるんだからね。なにがつらいんだという（笑）。逆に「おまえら、もうちょっとふつうに乗ってろよ」っていう。

嬉野　昔から、「つらそうなのは見たくありません」っておっしゃる方いましたよ？　だからこそ、温泉に入ってるようなワンカットがすごくほっとするわけで。

藤村　そうだね。もちろん、いちばん大事なのは笑えるかどうかであって、笑えるっていう状況を作るために、それこそ温泉のシーンを入れて間を取ったり、電車に乗って寝てるところを入れたりっていうのはある。そこで見てるほうがほっとするというのもあるだろうけど、ほっとさせることが目的では決してないからね。目的はあくまでも「笑い」だから。人の心を癒そうだなんて、そんなことは……。

嬉野　ひとっつも思ってないでしょう。そりゃそうですよ（笑）。

藤村　「癒す」っていう言葉自体が、好きじゃないからね。「癒す」ってどういうことだよと。なにを癒すんだと思うもんね（笑）。

嬉野　そうだなあ。「癒す」なんて言葉、昔は言ってなかったよねえ。

藤村　癒すためにやってるわけではなく……こっちとしては、逆に腹筋が痛くなればべストなんですよ。笑いすぎて。

嬉野　それは笑わせたいよねえ。

藤村　笑いが好きで『どうでしょう』をやってるわけだから。だけど、腹筋を痛くするためにはその前段階が必要だし、余韻っていうのも必要なんだっていうことがあるから。腹筋が痛くなるところだけをつなげても、笑えないからね。その前段階が、ふつうよりも長かったり、もしかしたらまどろっこしかったりっていうのがあるのかもしれないけど。でもそれを経ないとなかなか笑えないでしょう。

「温泉」で傷が治る

藤村　逆にふつうの人が「これ大事でしょう」っていう部分を、わりと簡単につぶしちゃうことはあるんだよね。笑いにつながらないんであれば。

嬉野　たとえばどういうところ？

藤村　DVDを編集してるときに本気で思ったんだけど、「サイコロの旅」で、「サイコロ振るシーン、もうカットしちゃっていいかな」と思ったんだよね。

嬉野　大胆だ（笑）。うん、なるほど。

藤村　さっきも言ったけど、不必要なんだよ、あれはもう。笑いに対しての前フリになるんだったら、つまり「これがあったから、こう笑いが起きたんだ」っていうことであれば、それは必要だけど……もういらないと思ったんだよ。

嬉野　でも（シーンが）つながるの？

藤村　いや、つながらないから結局は入れてるんだけど、発想としてはそういうのもあるな。

嬉野　なるほど。でもあの当時はもちろん――

藤村　あの当時は1回目の放送だから、まず「どこが出るかな？」っていうのはひとつの引っ張りだし、これはドキドキもするだろうから入れるんだけど。DVDにするときにはもうみんな知ってるわけだし、「いちいちいらねえなあ」と思って。

嬉野　削ぎ落としますね、あなたもね。

藤村　（笑）。それは実際にはやってないんだけど、でもそれぐらいの考えはあるなあと。でも、逆に伸ばすところは伸ばしてるよ？　よくやるのは、いまもアメリカ横断のDVD（99年「アメリカ合衆国横断」・DVD第15弾収録）の編集でやってるんだけど、車窓の風景が2枚だったのを3枚に増やしたり、1枚2秒だったのを、3秒4秒に増やしたりっていうことはするね。

嬉野　あー。

藤村　もちろん、よく知ってる笑いの場面に早く行きたいっていうのはあるんだけど、

VTRを2回3回見ていくと、旅の流れがなんとなくわかってくるわけですよ。笑いの部分だけじゃなくて、旅全体を眺める客観性がさらに出てくる。そうするとむしろ誰もしゃべってない部分を長くして、まったりした時間だとかそのときの空気感を出すと、視聴者が俺らのやってきた旅をより追体験してるように、感じられるんじゃないかと。

嬉野　移動距離が長ければ長いほど、道中の静かなカットを積み重ねれば重ねるほど、旅の情緒も出てくるっていうね。それはあるわ。

藤村　テレビの放送の時は、視聴者もそんな悠長に追体験する余裕はなくて。こっちも「早くおもしろいとこ出さないと」って思ってるから、あっさり「ここは移動しました」「1時間経過」っていうテロップで次の場面にすぐ行くんだけど。でももう何回も見てる人がせっかくDVDを買ってくれるんなら、もっと旅の情緒を追体験できるようにしたほうがいいだろうって。

嬉野　そういうのは好きだよ、俺は。

藤村　(笑)。

嬉野　気持ちがいいよ。そういうのは。

藤村　そういう意味では、『どうでしょう』は「笑い」だけでもないんだなっていうのは、なんとなくあるかもしれない。でもやっぱり俺のなかでは、笑えるかどうかなんだよね。全然癒そうとは思ってないからね(笑)。

嬉野　でも「癒す」ってすごいよね。それは、みんな傷だらけってことでしょ？　癒すのは「傷」だから。
藤村　そういうことなんだよねえ。
嬉野　傷だらけの人には笑いが癒しになるっていうのも、あるんでしょう。
藤村　まあ、こっちは常に「温泉」に入ってるだけだからねえ。
嬉野　……そりゃあ、傷があっても治っちゃってるよ（笑）。

午後9時を回って、腹を割って話した

藤村×大泉、ケンカor抱擁

嬉野 あんたと大泉さんなんてのは、おたがいに信頼してるところがあるんでしょ？だからなんとなく、笑ってられるんだろうか。

藤村 いや……大泉も、俺に腹立ててるときがあるのよ。

嬉野 あんたもあるじゃん。

藤村 俺もあるのよ。本っ気で腹立ってるときがあるの。ロケ中に（笑）。

嬉野 だってさ、4年前の「ヨーロッパ」（07年・DVD第28弾収録）なんて、本気であなたたちケンカしてたじゃない。

藤村 そうそうそう（笑）。

嬉野 「やってんなあ！」と。さすがにこっちも、安心して見てられるかんじではないなど思って。

藤村　あれはね、俺も腹立ってたし、大泉も腹立ってた。でも過去にも、それぞれにあるのよ。VTR見てたらわかるんだ。「アメリカ」とかでも、言い過ぎてるときがあるんだ。俺が。大泉に対して。すごく。

嬉野　あー。

藤村　VTRで客観的に見ると、「このディレクター、ちょっと言い過ぎだよ！」っていうときがあんのよ。「こんなん言われたら、おまえだってがまんの限界超えるよなあ」って思うときはあるんだけど……。

嬉野　それはなに、（放送に）使ってるところで？

藤村　いや使ってない使ってない。使えないよそんなとこ。でも、撮ってきた素材を全部見てると、本気で大泉が腹立ててるところがあんのよ。それでもあいつねえ、引くんだよね。どっかで、ちゃんと引くのよ。

嬉野　うんうんうん。

藤村　「こいつ本気で怒ってるな」と思いつつ、でもどっかで怒りの沸点超えずに、最後になんかちょろっとね、ちょろっと収めるんだよね、あいつが。それがあるから、やたらにこじれたりはしないんだろうね。

嬉野　それが4年前の「ヨーロッパ」ではなかったってこと？

藤村　おたがい沸点超えたんだよね。２人とも。

嬉野　引くっていうところがなかった。

藤村　引くっていうところがなかった（笑）。いや、なんとなく徐々には引いていったんだけど。

嬉野　それはむこうも大物になってるから……。

藤村　それもあるかもしれない（笑）。でもそれも超えて、「いまさらおまえとケンカするつもりもねえし」みたいな。まあでも、あいつがちゃんと引いてるってのに気づいたときは、ちょっと感心したというか、感心というとおかしいけど。

嬉野　むこうは年も下だしね。学生のときから始めたから、それは彼もやっぱり引くと思うよ？

藤村　それはそうだね（笑）。それはそうだ。……４年前の「ヨーロッパ」、帰ってきてから１ヵ月編集しなかったからね。

嬉野　そう、あなた編集しなかったねえ。

藤村　ふつうだったらロケ帰って１日休んだら、もう編集したくてたまんないのに、あれ１ヵ月ほっといたから。でも今回の新作なんてのは、早く編集したくてしょうがないからねえ。

嬉野　だって今回は２人で張り手とかやってるんだから。仲睦まじいじゃないですか。

藤村　（爆笑）。

嬉野　ねえ？

藤村　おたがい真っ赤に胸を腫らしながらね。悪人同士が（笑）。

嬉野　もう抱擁に近い張り手の応酬だったね。パッチンパッチンやってさあ。

藤村　すごいもん、あのとき嬉野先生とミスターの声は、一切なかったからね。30分くらい（笑）。

嬉野　そりゃあそうだよ。介入できねえよ。

藤村　2人で叩きあって、2人で大笑いして、「じゃあ寝るか！」っていう（笑）。で、「今日もやったなあ……」って勝手に2人で満足しちゃって。

嬉野　まあとにかく、気を遣わなくていいっていう人がいるのは、ラクですよ。そういうラクな気持ちが、見るほうにも伝わるんですよ。

藤村　そうだね。

嬉野　気を遣う場面って、生きてるうちで多いじゃないですか。それの代わりに、気を遣わない男が2人、のびのびやってるっていう姿はね、そりゃ見てて楽しいでしょう。なかなかないですよ、そんな気持ちいい「温泉」は。

会社の席替えは困る

嬉野　だから俺もあんたといっしょにいるのは、非常にラクなんだよ。俺とまったく違うからね。俺が心配するようなことを、あなたは心配しないから。

藤村　あー。

嬉野　安心ですよね、この人がいたら。たとえばいろんなアイデアが俺のなかでふつふつと湧いたときに、この人に言って、乗ってくるんであれば安心するし。俺がどんなにいいと思っても、「いやー、どうだろう」って言われたら、「いまいち万人ウケはしないか……」という、判断材料にはとてもなる。

藤村　それはおたがい、そうだよね。

嬉野　会社でもう、十何年ずーっと席が隣だし。だから席替えとかあると困るんですよ、はっきり言って。席替えされて、この人と違うところに座んなきゃいけなくなったら、不安ですよ俺。

藤村　不安だっていうのはあるよね。それはそうだよ。

嬉野　「なんで替えるんだよ！」って思うよ（笑）。

藤村　これはやっていいものか悪いものかっていうときの、尺度がなくなっちゃうんだよね。

嬉野　席替えって、俺はすごくデリケートなことだと思うんだよ。席替えられて、ちょっと違う島とかに離されたら……。ちょっとしたかんじで横にいる人と話すのと、わざわざ席を立って、「実はさあ」って話すのは、これはやっぱり気楽さが違うんで。いつでもちょっとしたことでも話せるっていうのは、なんか安心感があるみたいな。（しみじみと）席替えしてほしくないよね……。

藤村　（笑）。

嬉野　子供みたいなこと言ってるとは思うんだけど、微妙な問題だと思うんだよ。

藤村　じゃあ隣同士でいつも大事な話をしてるのかと言われたら、そうでもないんだけどね。だけどなにかを思ったときに、ちょっと身体の角度を変えただけで話せるっていうのは、非常に大きい。

小言も楽しみ

嬉野　……まあこの人は、キャラは悪人だけど、やさしい人ですよ。

藤村　（笑）。

嬉野　私といっしょにやれてるぐらいだから、情け深いところがあるんじゃないかと思うんですけどね。この人がいることによって、自分の居場所がある、というのはあって。

藤村　あなたよく言うよね。「人は『居場所』さえあれば、なんとかなる」って。仕事をしていく上で。

嬉野　まあ、あんたをほめるのはこんくらいで（笑）。

藤村　そうは言っても俺、飲み会のときに小松に「あんたって心が狭いよね」って言われたけどね。「細かすぎる」って。

嬉野　今日もあなた、ここに来る前に小言を言いましたよ？

藤村　え？

嬉野　俺に。

藤村　それは細かいとか、そういうことじゃないでしょうよ！（笑）。いやね、いろんな人からお菓子とかもらったりするじゃない。この人はそれをずーっと机の上に置きっぱなしにすんのよ！　それじゃ腐っちゃうだろ！って。「いいかげん早くかたづけろ」っていうのは、今日も言ったよ。

嬉野　まあまあ、そういう会話も俺はいやじゃないんだ。

藤村　（爆笑）。

嬉野　その時間も俺は楽しみ。だからなおさら、そういう理由もあって、席替えされると嫌なんだよ。楽しい時間がなくなっちゃう。

藤村　いやあ……なんかこう、いまはそれぞれの居場所があって。これはもう、いいとか悪いとかじゃないんだよ。もうそこにハマってて、おたがい侵食することもなく……侵食すれば怒るしね、この人ね。

嬉野　（笑）。

藤村　この人、文章書くの好きだから。ＤＶＤのパッケージの裏の部分の文章は、基本書いてもらってるわけ。あそこには叙情的な要素を入れたくて、そういうのよくわかってるから、書いてもらうじゃん。でも、結局最後、俺が直すのよ（笑）。

嬉野　コチョコチョコチョコチョって変えてくるんだよね。

藤村　そう。そしたら嬉野さん、すっごい怒る。「なんでここ変えるんすか」って。俺も「いいじゃねえかこれぐらい、こっちのほうが読みやすいでしょう」とかって言うんだけど。

嬉野　「だったらもう最初からあんたがやんなさいよ！」って。

藤村　まだそこんところはね、係争中だけど（笑）。

ＤＶＤ付録担当者のセンス

嬉野　ＤＶＤのパッケージに入ってる、ちょっとした付録みたいなものがあるじゃない？　ぺらっぺらの紙で作ったクリスマスツリーとか、シールとか。

藤村　そうそう、あれはねえ、昔はこっちから「こういうの作って」とか注文出してたけど、いまはもう信頼できるグッズ作る部門があって、そこの女の子が「お時間ありますか？　こういうの考えたんですけど……」って遠慮がちに編集室に来るわけよ（笑）。それが全然いいとこ突いてくるからさあ、その子に全部もう任せてる。ＤＶＤのジャケットを描いてくれてる女の子も、なんとなくこっちでイメージを伝えるとちゃんと描いてくれるから、もうその子にずっと発注してるよね。

嬉野　なるほどなるほど。

藤村　今回の「アメリカ」のＤＶＤだってね、オマケ考えるのもうめんどくさいから……っていうとあれだけど（笑）、それ以上にちゃんと中身に力を注ごう！ってことですよ。でもまぁ今回は、携帯なんかに貼れるちょっと質のいい、立体的なシールを付けようって言ったわけ。

嬉野　ふむ。

藤村　「わかりました、それで考えてみますー」ってその子は言って、大泉くんのテンガロンハットとかサングラスでサンプルを作ってきたのよ。「おー、いいじゃん」「あーよかったー」ってなったんだけど、何日かたって「すみません……これ高くって、ひとつ作るのに３００円掛かるんです……」

嬉野　（笑）。

藤村　「原価で300円は高えなあ、そりゃ無理だなあ」つって。「じゃあ、なにか考えます」って、それでまた何日かたって、編集室に「お時間ありますか……」「ちょっとこういうの考えてみたんですけど……」って出してきたのが、大泉がラスベガスで賭けをして、人の金まで使ってさんざんスッたとき、朝方にメモが置いてあったじゃない。

嬉野　あー（笑）。

藤村　「もう二度と賭け事はしません　洋」って書いてある。「これをシールにしてみたんですけど、どうですか……」って。いやぁーそれはいいぞ！と（笑）。

嬉野　よく拾ってくるもんだねえ。

藤村　よく拾ってくるなあと思って。そういうのをひねり出してくれる人がいたら、こっちも非常にうれしくなる。

スタイリスト小松さん

嬉野　スタイリストの小松さんなんかに衣装を発注するときは、「こう派手なやつ」とか「なんかこうビャッとしたやつ」とか（笑）、あんたは、そういう指示しか出さないもんね。

藤村　だって細かいとこまでわかんねぇもん。

嬉野　でも小松さんの能力は、それで活きるんだもの。小松さんって人に「このメーカーのこれとこれを……」って具体的に指示するんなら、それは小松さんじゃなくていいわけだから。

藤村　そうそう。それだと誰でもいいの。

嬉野　だから彼女は、ほかの現場でディレクターにそういう指示をされて、フラストレーションがたまってるらしいよ。「だったらさあ、あたしじゃなくてもいいのに」って。

藤村　（笑）。いや、ディレクターにしたら、細かいとこまで指示するってのは優秀そうに見えるし、指示されるほうも「もっと具体的にお願いします」っていう人が実際多いから。でも自分が不得意なところだから頼んでるんだし、それ以上のものを出してきてほしいわけで。かといって丸投げにすんのはいちばんダメだけど。

嬉野　でもあんたが発注するものっていうのは、あんた自身がよくわかってないところがあるもんね？

藤村　あー……そうだね。いや、なんとなくはボヤーッとあるんだよ？（笑）。

嬉野　で、全然違うものを出してこられても、「あ、これ！」ってなるときがあるよね？

藤村　あるあるある（笑）。

嬉野　さっきの安田さんの衣装の話もそうだけど、逆にそういうものがほしい。だから、そういうものを出してくれる人は手放せないっていう。

藤村　そうだね。

嬉野　そんなもんだと思うんだよね。「だってあなたこう言ったじゃないですか」「このとおりやったじゃないですか」「契約違反ですよ」かなんか言われたら、仕事にならんわけで。

藤村　あー……そんなの俺、絶対仕事できないね。だってそんな、責任持って言ってねえもん。

嬉野　……はっきり言っちゃったけどさあ。

藤村　（爆笑）。

嬉野　ね。でもだいたい世の中の仕事って、そうやって回ってんじゃないの？

藤村　そうそう、それぞれの役割でそれぞれが考えて。それを最初に全部決めちゃって、「このとおりでやりましょう」ってなると、それ以上のものはもう出てこないからね？決めないことを恐れてはいけないんだよ（笑）。

嬉野　それはまったく『どうでしょう』の本質だね。

藤村　そういうことですよ。

知らなかったでしょ

嬉野　われわれの役割分担もね、外からはなかなか見えづらいだろうし。

藤村　そうだね。

嬉野　俺は現場でカメラ回してさあ……それも傍観者だから、ロケをどういうふうに転がしていこうかなんて、一切考えない。全部この人が考える。それで帰ってきて、いっしょに編集することはあるんだけど、いまみたいにこっちもドラマとかで忙しくなってくると、それもしないから。ほとんど撮影だけだよね。……まぁ今回はカメラも回してねえか（笑）。

藤村　まあ『どうでしょう』の流れでいうと、ロケの準備なんていうのは、分担してやってるわけじゃないですか。で、ロケ中はあんたがカメラを回して、こっちは切符の手配からなにからやって。帰ってきたら、まず膨大なVTRがあるから、最初にそれをつないでいくのは、嬉野さんがやってくれる。最終的にそれを1本の、放送できる形にするのは俺がやるだけの話で。そこは俺のいちばんの気持ちいいところだから、役割とかじゃなくて、もう「俺がやる！」っていう（笑）。「スーパー付けるのはこっちの仕事だ！」っていう、それだけのことなんだよね。だからといって全部自分でやるかというと、ナレーション原稿を先生に書いてもらうこともたくさんあったし、画面に地図が出る場合も全部やってもらって。やっぱり、自分がめんどくさいなと思うところをやってもらったりとか（笑）。

嬉野　そうそう。困ったときに俺が動くんですよ。ナレーションも、たとえば大泉のカブがウィリーしたとこなんて（99年「原付東日本縦断ラリー」だるま屋ウィリー事件・DVD第16弾収録）、「どういう方向で書いたほうがいいか」なんてときに、「これはこうだから、もっと機械的なかんじで淡々と書けばいいんじゃない」とかって……。要するに「困ったら聞く」。

藤村　そうそうそう。困ったときに解決の道筋を示してくれますからね。私はその手柄を、ザーッといただいてるっていう（笑）。

嬉野　この人が「わかんない」って言ったら、いっしょに考えますよ。この人がわかってるのに、こっちも考えるということはないわけですよ。

藤村　それはない。うっとうしいだけだからねえ（笑）。

嬉野　そういう状況のほうがやりやすいっていうのも、私のなかには本来的にあるわけです。「だったらここは俺が考えなきゃいけねぇのか」っていう状況を投げられると、腕まくりするっていうのはね（笑）。それはなんにしてもそうだと思うんだ。

藤村　そうだよね。これが「いやいや、私の編集のほうが」なんて言う人だったら、たぶんこうはなってないもんね（笑）。そしたら俺も頼れないもん。困ったときには嬉野先生ですよ。それはもう。

嬉野 ただ「嬉野さん、いつもなにをやってるんだろう」って、外から思われるのもね……いや、それもわかりますよ？ でも単に隣にいるだけの男と思われるのも、ちょっと心外で。

藤村 （笑）。

嬉野 それも腹立たしいなあと思ってた時期も、確かにありました。いまは違いますよ？ 世間はそういうもんだと思ってる。ただ『どうでしょう』が脚光を浴びたときに、「藤村が作りました！」みたいなのが出ると、「俺だってやってるよ」って、思うわけでしょ（笑）。

藤村 なるほどなるほど。

嬉野 だけど俺がなにをやってるかっていうのは、カメラを回してるのはみんな知ってるけど、ほかの部分を説明するのもめんどくさいし……という時代はありましたよね。っていうの、知らなかったでしょ。

藤村 知らないねえ。

嬉野 この人、興味ナシですから。

藤村 （爆笑）。「あー、そうなの？」っていうぐらいで。いやいや、嬉野さん、やってましたよ！

嬉野　だったらそのへんもうちょっと言えや、みたいな（笑）。世間に言えやっていう。

藤村　説教されてもいいよねえ（笑）。

嬉野　でもそういうものはね、小さい話なんですよ。ほんとに。

ミスターどうでしょう

嬉野　それでたとえば、番組のなかのミスターの役割を考えると、「方向性が違うところがある」っていうのが大事なんじゃないかと。

藤村　うん。

嬉野　あんたと大泉くんが転がしていってる方向と、まったく違う方向に彼が行くっていう。それはこの2人が予測できない景色を、見せてくれることにつながるわけですよ。それはもう、ものすごい意外性なわけでしょ。すると客にとってもそれは意外性なわけで。そういうものをね、期せずしてあの方は持ってるから。……それはとてもいいところ。あと、あんたと大泉くんがいろんなおもしろい方向に持って行こうと、つねづね思ってる。そこのところでミスターさんが、大爆発するところがあるんだよね。予想外に。

藤村　なるほど。

嬉野　大爆発をすればするほど、あんたたちの策略が功を奏するというかね？　そういう火薬庫みたいな、『どうでしょう』がすっごい跳んでしまうっていう瞬間の、鍵を握ってる人だろうなあって、思いますね。

藤村　そうだね……。あの人は、持って生まれたものなのか、育ってきた環境のためなのか、存在感がある人なんだよね。気になってしまうんだ、非常に。だから「ミスターどうでしょう」って言ってしまうと思うんだよね。なんにもしなくても存在感があるんですよ。べつにしゃべらなくても、その存在感はちゃんとある。それは稀有なことだと思うんだよね。あの存在感は『どうでしょう』に欠かせないものなんですよ。

嬉野　存在感はあるよねえ。

藤村　だから畏れの対象にもなったりする。「こんなことしたらミスターが怒るんじゃねぇか」とかね。それなりの存在感がないとそうはならないわけで。そこは彼のセールスポイントだと思う。

大泉洋への全幅の信頼

藤村　じゃあ大泉はどうかっていうと、……おもしろいよね（笑）。

嬉野　おもしろいよね。あ……終わり？（笑）

藤村　いや、素材としては本当におもしろいんだよ。こっちが用意した風呂に、いちばん気持ちよく入ってくれる人っていうかんじがするねえ。

嬉野　あー。

藤村　それが熱っつい風呂だとしても、きっとあいつは「アー！　気持ちいいねー!!」と言ってくれるし、ぬるいやつでも「おー……これはまたこれでいいねえ〜」って言ってくれるかんじがあるから（笑）。そういう意味では全幅の信頼を置いてますよ。こっちが出す条件に、あまり注文を付けてこない……いや注文は付けるんだけど、最終的に「いや〜藤村くん、気持ちいい風呂だったね〜！」って言うかんじが、あるからねえ。

嬉野　そうだね。彼もいまとなっては有名なクラスになってるから、そこから仕事を始めなきゃいけない他のディレクターと、やつがなんだかわかんない学生のときからいっしょにやってるわれわれとでは、それはやりやすさっていうのは決定的に違っていて。やっぱり「バカじゃねえかおまえは」っていうかんじでやれないと、心底おもしろいものにはつながっていかないだろうっていうのはあるからね。だからあんた以外の人だと遠慮も入るし、そうするとなかなか彼のおもしろさを出せないところはあるのかなあ、っていうのは思うよ。

藤村　大泉の、『どうでしょう』で出してるような色を出そうと思うんであれば……それはもうこっちは、十何年猛獣使いをやってるわけだから（笑）。単純にこっちはつきあいが長いから、「他の風呂に入ったときの唸り方は、あいつちょっと弱いなあ」っていうのは確かにあるんだけど。でもあいつが『ハケンの品格』とかのドラマに出てるのを見ると、すごいおもしろいし、いいところを引き出してるなあと思う。でも、他でやってることって、自分の手の及ばないところだから、それをあれこれ考えても気持ちいいことにはならないから。

嬉野　そりゃそうだね。

藤村　でも、人はよく言うよね。「大泉さんのあれ、どうでしたか?」って。「いや、見てないんだよね……」それは冷たいわけでもなんでもなく、それぞれが気持ちいい「温泉」を掘り当てればそれでいいっていうだけで(笑)。

午前0時を回って、さらに腹を割って話した

アイガー北壁へ？

嬉野　最初のうちは、新作のあとに――高知から帰ってきて、２０１０年の11月にまた新作を作るっていう話があったじゃない。

藤村　ほんとは、「連続してロケに出るか」っていう話をしてたんだよね。

嬉野　新作シリーズが終わって、でも「終わらないですぐに次のが始まるっていうかんじにすればいいんじゃないか」みたいな話があったんだけど、結局11月も12月もスケジュール的に無理だったから。でも大泉くんにしても、結局ドラマとかで忙しいとはいえ、そこはなんとでもなるんだ。昔の『どうでしょう』でも金、土、日の2泊3日ぐらいで撮影をやってたわけだから。それぐらいで終わるスケジュールならドラマ中でも都合が付けられるし、彼のなかでも「頻繁にやりたい」っていう気持ちはあるんだよね。

藤村　それでも結局、新作を撮ってみたら放送分が十何週になるから、編集がもう追っつかないし。
嬉野　彼らがよくてもねえ……。
藤村　こっちがよくないんだ（笑）。
嬉野　まあやれるうちにやっとかないと。過酷なことも、そうそうできなくなってくるから。
藤村　大丈夫でしょ、全然。
嬉野　いや、あんたたちが勝手にやるのはいいよ。こっちが困るっていうだけの話で（笑）。あんたはヒマラヤかどっか登るって言ってるけど、そんなことは……。
藤村　俺はエベレストを見たいって、ずっと思ってるからね。死ぬまでには。でもまあ、べつにそれも個人的に思ってるだけで。体力がどうのこうのっていうのも、まったく心配じゃないよ。逆にちょっとこう、体力がなくなったらなくなったなりの、こう……ね？（笑）。
嬉野　なによ。
藤村　温泉いっこ入るんだって、もしかしたら、かなりな……。
嬉野　いやいやいや（笑）。それくらい大丈夫ですよ。
藤村　そうなったらそうなったで、やり方ってあるから。

嬉野　とはいえこれから先の6歳差っていうのは大きいですよ。俺とあんたの。
藤村　……そりゃそうです。
嬉野　ねえ（笑）。自分がやれるからって誰でもやれるってわけじゃないんですよ。
藤村　まったく……まったくです。
嬉野　そうでしょう。
藤村　うん。
嬉野　別に『どうでしょう』がゆるいものにならなくてもいいけど、カメラはゆるいポジションにいるんです。
藤村　（笑）。
嬉野　超望遠とかで撮るから（笑）。
藤村　そうだね。登りゃしねえで。
嬉野　アイガー（ベルニーズアルプスの山岳。北壁は高さ1800mの岩壁で、登頂は過酷）とかはいいらしいよ？
藤村　あー……。
嬉野　アイガーの北壁ってのは、麓のホテルから丸見えなんだって。
藤村　ほう。
嬉野　登山者が丸見えで、アイガーで遭難する人が見えるんだって。麓のホテルから。

藤村　ほ――。
嬉野　だから登ってる人も見られてると思って登るから、嫌なんだって。アイガーの北壁は。
藤村　そうなんだ（笑）。
嬉野　だからアイガーだったら、俺は喜んで行くよ。ホテルから超望遠で、ワイヤレスマイクで撮るから。
藤村　（爆笑）。
嬉野　ね。
藤村　あー……ガンガン俺、登りますよ。
嬉野　いや、素人には登れませんよ。アイガーの北壁なんか。
藤村　知ってますよ（笑）。
嬉野　俺の場合は、自分から、率先して行きたいところはないからね。
藤村　ないねえ。
嬉野　だって、旅は好きだけどべつに行きたいとこないもん。どこでもいいの。俺が好きなのは道中だから。車窓からの眺めとか、そういうのが好き。ただ、どうせ行くなら意味のある場所にしてくれ、という願いはある。だって『どうでしょう』さんは私をラクにしてくれる、幸せにしてくれる番組だと思ってるから。

藤村　いやあ（笑）。

嬉野　そういう視線。そういう興味は積極的にある。「だったら、ぜひそっちに行ってほしい」とかね。「ああ、それはいいねえ」とか、そういうのなら。だけど「こういう企画でやりましょうよ」とかっていうのは、ない。

藤村　ないねえ……。先生ないねえ。

嬉野　基本、あんたが行きたいところに行く番組だと思ってるからね。それで全然いいしね。

ネタ切れはない

藤村　「『どうでしょう』の将来の展望は？」なんて、たまに聞かれたりするけど、あんまり先のことは考えてないよね。考えるってこと自体でやっぱり、そのときの流れを見失うから。

嬉野　考えておかなければならないようなものでも、きっとないんでしょうね。

藤村　「誰が親を介護する」とかっていう話じゃないからね（笑）。「将来的な蓄えを……」とか、そういう話じゃないから。先のことより、そのときに思ったことをそのときにやれば、たぶんそんなに間違ったものにはならないから。「これは！」っていうものがいつもあればそれに越したことはないけど、そういうのってなかなかないから。……あんまり考えないよね。

嬉野　「大泉くんといっしょに旅行に行ければいい」みたいなところがあるからね。

藤村　（笑）。まあおもしろくなればいい、っていうことだけだから。「来月また新作をやる」っていう話になればいろいろ考えるんだろうけど、いまはべつに。基本それは昔からそうで。企画が決まってロケが決まれば、どうせものすごいいろいろ考えちゃうから、先々からあんまり考えないほうがいいっていうか。

嬉野　やりたくてしょうがなくて、あきらめた企画ってあるんですか。

藤村　いや、ないんじゃない？

嬉野　ないよね（笑）。

藤村　「やんないほうがよかった」っていうのは、その「韓国」ぐらいで。その時どきで反省もちょこちょこあるんだろうけど。「ネタ切れってないんですか？」ってよく言われるけど、そもそも先のことを考えてないから、ストックを作ってるわけじゃないから、ネタ切れもありえない。企画出しの1ヵ月くらい前に、ミスターと「なんとなくそれぞれ考えてみますかー」って言って、そのときは2日3日悩むかもしれないけど。でも1ヵ月たっておたがいに「こんなんどうですか？」ってやったら、「じゃ、これにしますか」って30分で終わっちゃう話だから。

嬉野　うん。

藤村　基本そこが、大きな違いだと思うんだよね。番組を作るときって、みんなやっぱり企画を考えることに非常に労力を使って、苦しんでるでしょう。「いま、なにがいちばん流行ってるんだ」とか「どういうところに行けばおもしろいんだ」なんていう情報をいろんな人からたくさん集めて、そうやってるから似たようなものになって、「じゃあもっと違うことを」って求めすぎるから枯渇するんであって……もともと考えてなければ枯渇なんてないんですよ。そこに労力を使う必要はないというか。でもそうすると人は「いや、企画ありきでしょう」って言うんだけど、ちょっと違うんだよ。そのときにどういう「状況」を作るかってことが大事で。

嬉野　うん。

藤村　企画というより、場所というか、状況なんだよね。たとえば「ユーコン川」（01年・DVD第24弾収録）みたいなところに行って、カヌーで一日中、川を下るっていうのは「これはもう見栄えがいいんじゃないか」っていうのが、まずあって。

嬉野　あなた、ユーコン行きたがってたねえ。

藤村　カヌーやってたから。カヌーをやる人にとってユーコンは、一度は下りたい川だから……まぁ単にそれだけだよね（笑）。気持ちはそれだけ。だけど状況の場としては、ミスターも大泉さんも「キャンプなんて絶対いやだ！」「何日間も風呂入れないって絶対いやだ」っていうのがあって。だけどこっちは「でも実はそんなにつらいものでもないよ」っていうふうに思ってたから……。まぁ安心してその場を与えたっていうだけで。あとはそのいやがってるやつらと、ノリノリのやつが居合わせていっしょに川を下るっていう状況がもう、なにかを起こすだろうと。実際、行ってみたら「ユーコンはいいでしょう！」って、俺よりも押し付けがましいガイドさんが出てきて、さらにタレントがうんざりしたっていう（笑）。

対決は人格が出る

嬉野　だって「対決列島」（01年・DVD第23弾収録）なんてね。この人とミスターが甘いもの早食いして日本列島を南下して行こうっていう……そんなものがどれだけもつかなんて、企画ありきで考えたら、誰もやらないと思うよ。「それ、なんの魅力があるんですか」って。

藤村　なんの魅力が（笑）。

嬉野　思っちゃうでしょ？　だからあんたのなかでは、きっかけと状況縛りは必要だから考えなきゃいけないっていうだけで。あとは、べつにね？

藤村　うん。だって「対決列島」っていっても、対決するもの全部決めてたかっていうと、決めてないんだもん。なんとなく調べてはいるよ？　でも大事なのは、そこじゃなくて。それよりもあれは車で、北海道から鹿児島まで日本を南下するってことに興味があった。それに付随するものとして、対決があったっていうだけで。

嬉野　もともと「対決をやりたい！」っていうことではないよね。

藤村　南下ありきだね。「各地で温泉も入れますし」ぐらいのかんじですよ。対決なんてのは、その現場の空気で、大泉が気持ちいいように「レディー、ゴーッ！」ってやってくれりゃいいし、対決のルール自体もその場で変えて、こっちに有利なルールを敷けばいいだけの話だから（笑）、あんまり関係ない。

嬉野　それはだから、あんたが「あなた本人をやってる」ってことじゃないの。

藤村　あー。

嬉野　自分をやってるってことはさあ、たぶん一生やれると思うんだよ。枯渇なんかないよ。だから長い間やってられると思うんだけどなあ。まあ甘いものを食い合うっていうのは、ふつうの人から見れば企画とも思えないところがあるよ（笑）。

藤村　対決自体がメインではないから。……って最初に思ってると、意外と対決してみるとおもしろかったりするんだよね（笑）。

嬉野　ある程度「原付西日本制覇」（00年・DVD第20弾収録）で手応えがあったんじゃないの？

藤村　そうだね。ミスターとゆで餅とか食って。
嬉野　よっぽどやることなくなったんだな……と思いながら見てたけど（笑）、おもしろかったねえ。いや、「対決列島」おもしろかったですよ。対決っていうのも、人間性が出るんだなあ、と思ったんですね。やっぱり「勝ちたい」っていう心理が働いて、「レディー！」って言われた瞬間に――
藤村　やっぱり緊迫感がある。
嬉野　ドキッとするだろうし、それですっごい必死で食うっていうのがね？
藤村　（笑）
嬉野　「試験シリーズ」（99年～02年・DVD第14、19、25弾収録）なんかでも、回答者になったタレントはやっぱり「満点取りたい」とか「満点取った自分を見せたい」っていう、いろんな欲が働くから――
藤村　欲が働く（笑）。
嬉野　すっごい必死になって。それで思い通りにいかなかったら、すごいがっかりするみたいなね。
藤村　がっかりするんだよね（笑）。
嬉野　そこにもその人の人格とかが出ちゃうから、それもやっぱりスリリング。それは見ごたえ十分、っていうのはある。

緊迫感という縛り

藤村　ただやっぱり、企画だけに固執するとね。「それがうまくいかなかったらどうしよう」「なんとかうまくいくようにしよう」って、そこだけにガチガチになって、いつの間にか「おもしろいかどうか」じゃなくて、その企画を「うまくまとめる」ことだけを追うようになっちゃうから。

嬉野　うん。

藤村　たとえば「ここに行ったら、ものすごくおもしろい」っていう場所を見つけて……それがいちばんわかりやすいのが、スペインの牛追いだよね。あれをなぜ番組でやらなかったかっていうと、牛追いっていう行事だけに固執するとつらくなるだろうと思ったんだよね。「これをうまく撮れなかったら」とか、「実際あの現場に行って、彼らは牛追いの行列に入れるのか」とか、そんなことを心配するのがわずらわしくなっちゃったから。ふつうだったら「あれを、なんで大泉さんたちでやらないんですか」って。

嬉野　そうねえ。あれこそ派手な企画で。

藤村　「あれこそ」って言われるんだけど、われわれが見に行ったらホントにすごい派手で、それで自分が満足しちゃった部分もあるし、それ以上を求めると苦しくなると思ったんだね。そこを目指しちゃいけないと。どっかで、やっぱり逃げ道を作るんだよね。

嬉野　自分に対して？

藤村　自分にっていうか、企画に対してもそうだし、なんにしても。牛追いっていうものだけに寄ってしまうと、きつくなると思ったんだね。そこらへんミスターもわかってて、企画を出したらあとはほとんど口出ししないじゃん。企画は、ある程度の状況縛りを作って、緊迫感っていうものを作り出すために必要なんだよ。「ヨーロッパ」とかでも、「何ヵ月掛かってもいい」なんていうふうになっちゃうと、途中寄り道しようがなにしようが、それが特別なことではなくなるから。

嬉野　心意気としては、緊迫したものが好きなんじゃないの？

藤村　そうね。心意気としてはね。

嬉野　でも始まっちゃうと地が出ちゃうから、あなたは。実際にはそんなに緊迫できないところがあるんだと思うんだけどね。

藤村　そうそう（笑）。それでも「ヨーロッパを車で回る」っていうこと自体、かなりの緊迫があるわけですよ。

嬉野　まあ、外国に初めて行ったみたいな緊迫はありますよ。なにが起こるかわからない、ガイドもいないわけですから。

藤村　そういう緊迫感があると、ちょっと間抜けなことをしただけで笑いになりやすいから。切迫した状況の中で疲れ果てて、朝起きたら目がぱんぱんに腫れてて、人には見せられないような顔になっていても、「いやぁー今日もやりますよぉ！」っていう、その一言でもうおもしろくなっちゃうような。だから、そういう状況さえ作ればいいんだよね。

切り替わりが早い

嬉野　「東北ツアー」（99年・DVD第13弾収録）で、ババ抜きのシーンを編集でつないでたじゃない。それこそ「腹を割って話そう」のくだり。

藤村　ああ、DVDの特典映像で。

嬉野　あれおもしろかったんだけど。

藤村　いや、現場でもほんとに思ってたんだよ。「これ、ババ抜きだけで30分いけるんじゃねえか？」って（笑）。でも実際つないでみると「……30分は無理だな」。

嬉野　（笑）。

藤村　まあ無理だと思えば、やめりゃいいだけの話だから。

嬉野　それいいね、その自由度。「やめよう！」って言ってやめられて、被害が出ないっていう。

藤村　それが精神衛生上、いちばんいいと思うんですよ。たとえば「西表島」みたいに、企画発表で「今回は虫捕りです！」って言ってても、現地行ってロビンソン（現地コーディネーター）に「虫捕りはおもしろくねえよ」って言われれば、「じゃあやめよう！」っていうふうに俺がなるわけじゃない。

嬉野　（笑）。

藤村　するとみんな「あんたじゃなくって、このおっさんの判断で？」って唖然とするんだけど、「おもしろくならない」っつうんだから、それはいっそ早めにやめたほうがいいでしょう。被害が大きくならないうちに（笑）。

嬉野　まぁロビンソンがそもそも虫に興味なかった……ってのがあったにしてもね。それでも現場でいちばん頼らなきゃいけない親父が「おもしろくねえ」って言ってるんなら、「じゃあやめとこうか」っていうのは賢明な判断ですよ。

藤村　だよねえ。

嬉野　親父に「もっとおもしろいものがあるんだ」って言われて、「じゃあこいつにすべてを懸けて！」ってなるのは、それは正しい判断（笑）。

藤村　そういうもんですよ。

嬉野　ここまで切り替わりの早い番組もない。

藤村　俺からすると、「なんでそうしないの？」っていう気もするけどね（笑）。ただわれわれは1回のロケで「30分埋めなきゃいけない」とか「4週でやんなきゃいけない」っていうような縛りを、自分たちで外しちゃったから。「失敗したら、また来週行きましょう」ってすればいいだけで。

嬉野　それはとてもいいです。気が楽なほうが。

藤村　でもそういうやり方をしてると、「なんてわがままな！」っていう見方も一方では出てくるのかなと思うけど……でも賢明な判断だったよねえ。それは少人数でやっていることも、うまく機能しているだろうし。

嬉野　それは10年以上もいっしょにやってる連中だから。

藤村　「しょうがねえ」と思われてる。会社から（笑）。

嬉野　「また始めやがって」と（笑）。でもなんとかなるっていうのは実績としてあるわけだから、誰も触らないっていうのもある。

藤村　これが失敗続きだったら、それはもう吊るし上げですよ。

ロビンソンに丸投げ

嬉野　西表島の波止場で釣りしててね？

藤村　あー、もう真っ暗な画面のまま番組をやってね（笑）。

嬉野　夜だから照明つけて撮ってたらロビンソンが来て「そんなに明るくしてたら魚が来ねえ」なんて言われて。

藤村　言われたから、「じゃあ消しますか！」

嬉野　ってかんじでね（笑）。

藤村　「消すと映んないでしょう」っていうよりも。

嬉野　そこで「消せ」って言った人がいるっていうことのほうが大きい。それはロビンソンが道筋を示したみたいなことだと思うんだよね。闇夜になっても声は拾えるし、スーパーで文字も出せるから、画面が真っ暗になっても放送事故とは思われない。むしろよかったと思ったよ。

藤村　初めから「真っ暗にしたほうがおもしろいでしょう？」ってやるとおもしろくは絶対ならないけど、でもあのとき、ロビンソンみたいな、テレビをまったくわかってないおっさんに「消せよ、魚釣れないよ」って言われて、みんなが「ええ？　消すのお？」っていうときに消すっていう状況は……もう全員わかったからね。「消したらそのほうがおもしろいぞ」っていうのは。それで釣れたときはライトだけオンにして、釣れなかったらオフっていう、わかりやすい状況もできたし。

嬉野　でもあの真っ暗ななか、２週やるとは思わなかったけどね。俺もおもしろいと思ったけど、さすがに「それもう１週やるの⁉」って。

藤村　（笑）。

嬉野　「え、じゃあ来週は真っ暗から始まるの？」」。そのへんはすごいよ。びっくりしたんだけど、そこのところのあんたの腹は太いよね。

藤村　それはあんたといっしょに「あ、これはつかんだ！」っていうことでしょ？　ロビンソンに口出ししないっていうのは。「おまえらにポリシーはねえのか」っていうくらい（笑）。そうなるとロビンソンに丸投げなんだよね。丸投げして俺らはその状況を楽しんでるだけだから。

嬉野　そうね。

藤村　大ウナギのエサにするカエルがなかなか見つからなくて、大泉なんかが「ロビンソンが『カエル捕れない』ってずっと言ってるんだから、ディレクターのあんたが『もうやめよう』って言わないとダメでしょう」って。いや、わかってんだけど、この状況をもうちょっと見たいっていう（笑）。

嬉野　そうそう。そういうとこあんたあるよね。

藤村　（爆笑）。

嬉野　こっちは眠くてしょうがないし、ロビンソンも引っ込みがつかなくなってるんだけど、あんたがおもしろくなっちゃってるから、「やめよう」って言わねぇんだもん。ロビンソンも責任感強いっていうか、いいとこ見せたいっていう人間性も出ちゃってるから。

藤村　それでようやくカエルを捕り終わって「じゃあ今日は解散」って思ったら、ロビンソンが今度は「小魚捕る」って言い出すんだもん（笑）。もうこっちは、おもしろくっておもしろくって。

嬉野　小魚だって、捕れやしねえんだもん（笑）。

藤村　捕れやしねえ（笑）。

嬉野　一人で踏ん張ってたロビンソンが、最後に「もう疲れちゃったよ……」っていうところが、いいオチだったよねえ。ロビンソン——あの人ほんとフィギュアかなんかにしたいなあ。

藤村　（爆笑）。

嬉野　「ロビンソン」っていうフィギュア（笑）。

藤村　だったら大泉か鈴井のフィギュアにしろよって話だけど（笑）。

嬉野　ロビンソン、肖像権ないからね。

藤村　（爆笑）あるよ!!

嬉野　あるけど、本人「いい」って言ってくれるよ。「ロビンソン、やっていい？」「いいよ」。二つ返事で一銭も掛からない（笑）。

藤村　ロビンソンが、網持って構えてるところね（笑）。

嬉野　「どうでしょうフィギュア・ロビンソン!!」。絶対いいよ。

幻の電動自転車プラン

藤村　だからやっぱりこのときも状況が大事で、企画とかに頼りすぎるとキメキメになっちゃうから、そうするとなかなかふくらまない。

嬉野　誰もふくらまそうと思ってふくらましたわけでもなくて、ちょっとトンチンカンなおもしろい親父がいたから。

藤村　(笑)。

嬉野　それで結果的にふくらんじゃったんだけど。でも現場でやってて、そこにいる誰もが予測できない方向に転がっていくことほどスリリングなことはないからね。それは視聴者にしたらなおさらそうだよ。

藤村　最初のころは、そうは言っても「ちゃんと企画を」ってのは、われわれにもあったし、ミスターなんかは特に「ちゃんと企画追わないとだめでしょう」っていうのがあったんだけど。でも追うだけじゃふくらまないっていうのがだんだんわかってきて「横道に横道に」っていう。だけどいまはもう「横道に」っていうかんじもなくて。昔は横道にずれることで、初めてなにかが生まれるっていうのがあったけど、いまはただ流れで話をしてるだけでもおもしろいから、逆にそういうことも考えないね。

嬉野　新作なんかそうだね。

藤村「4年ぶりの新作」っていう状況を考えた場合には、あまり大層なことをするんじゃなくて、変な期待感につぶされない状況だけを作るっていう。カブに乗って四国に行くだけなら、タレントの2人がやれることも限定されるから、横道にそれようもないわけだよね。だからもう横道にそれることも考えなくていい、ただ乗ってればいいっていう。顔をつき合わせてトークする必要もなく、基本運転してて、なんか思いついたら言ってくれればいいと。そういう状況を作ればいちばんいい。宿はもう全部予約して取ってありますから……っていうくらいだね。

嬉野　宿ありきで。

藤村　宿ありきで。それぐらいしか考えてない。でも、決してのんべんだらりとやってるわけじゃないよ。実際にあの人たちはカブに乗って6日間も過ごすわけだから（笑）、それだけでもう大変なことなんですよ。それだけつらかったら余計なこと考えられないでしょうっていうのもあって。とかく4年ぶりになると……特にタレントのお2人は、余計なことを考えるだろうから、考えない状況を彼らに作ってあげたほうがいいだろうっていうね。

嬉野　それはなんでそうやって思ったの。

藤村　だって自分もそうだから。

嬉野　あー。

藤村　たとえば大泉なんかは「やったことのないものをやりたい」とか「どこにだって行きますよ」っていつも言ってるけど。それは、演じ手の一人だからね、彼は。でもこっちで考えると、「じゃあアフリカ行って猛獣かなんかで」「それよりもアマゾンの奥地に行って」とかってなる状況っていうのは、それ自体がもうキツいだろうと。「どうやってみんなを驚かそう」っていう発想は、やめようっていう。最初に考えてたのは、自転車なんだよね。

嬉野　自転車って言ってたっけか。

藤村　電動自転車ってあるじゃん。あれで行ったらいいと思ったんだよね（笑）。

嬉野　それどうやって撮影すんの。

藤村　こっちは車で。

嬉野　それは無理でしょ。

藤村　ねえ。

嬉野　時速何キロ？

藤村　わからん（笑）。

嬉野　たぶんすごい迷惑になるよ、道路で。

藤村　だったらこっちも自転車かなぁとか。なんとなくそんなことも考えてたんだけど、ミスターが「今回はカブだと思いますよ」って言ったから、「あ、じゃあカブでいいや」って。だから、逆にここでミスターが「電動自転車、いいですねえ」ってなったら、そっちに行ってたと思うけどね。いずれにしても、そんなに考えずにやれるものにしたほうがいいっていうのはあって。で、やったら、まあよかったからね。ビジュアルがキツくなるまでは

嬉野　大泉くんはがっかりしたろ。

藤村　がっかりしてた、最初。「これで大丈夫なの?」って。

嬉野　でも肩の力が抜けてよかったかもしれないね。

藤村　そう、プレッシャーに押しつぶされるよりか。だから「こっちはなんも考えてないよ大泉くん」っていうふうに。「プレッシャー、なんもないよ」っていう、ノーガード、ノープランを。

嬉野　(笑)。

藤村　見せつけることがいいだろうなあと。4年ぶりにやるには。

嬉野　「ノープランですよ」っていうのはすごいね。

藤村　「僕はノープランですよ！」って堂々と言ってたからねえ（笑）。だから企画発表もあっさりしたもんですよ。大泉が「僕は今回は、日本だと思います」と。「なんですか？」、「パスポートが僕んちにあるんですよ」、そしたら俺が「ああ、全然日本国内ですよ」ってあっさり言っちゃって。

嬉野　がっかりしてたねえ。

藤村　がっかりしてたねぇ。

嬉野　目的地が高知って知ったらがっかりしちゃって。

藤村　ねえ（笑）。ミスターが「行き先は高知です」ってポロッて言ったら「アーッ！」ってなって。こっちは「いやいや、今回はそういうことではないんですよ大泉くん」っていう構えでね。「どこに行くとか、そういうのはどうでもいいんですよ」。

嬉野　それは視聴者に対してもそう言いたい（笑）。

藤村　4年も開くと視聴者も変に期待するだろうしね。妙な緊張感はないほうがいいよなあと思って。

嬉野　そのへんってでも、大事だよね。やなもんを背負ったまま行くのはよくないよ。

藤村　まあ、あえてプレッシャー掛かりまくりのアフリカ行ったって（編集部注・この対談の2年後に「初めてのアフリカ」放送）、それはそれでおもしろいと思うんだけどね。そのときの状況として「今回はアフリカとか、行かなくてもいいんじゃねえか」っていう流れだったからそうしたけど、体調もよくて元気満々だったら「大泉くん……アフリカで、命かけてやりますよ！」っていうのだって、それはアリだと思うけどね。基本、なにが正解でなにが不正解っていうのは企画自体にないから、あんまり考えないっていう。

嬉野　正解っていうか、「今回やたらおかしかったな」ってのは、ひとつのロケで1個か2個ぐらいあって……。

藤村　そうそう、毎回確信が起きるのは、なんか大笑いしたとき。それが1個か2個あれば十分っていう。だって大笑いしちゃったんだもん。それを見せれば絶対大笑いするだろうっていうのがあるから。ウィリーにしたって、トラ（98年「マレーシアジャングル探検」・DVD第10弾収録）にしたってね。でもあんな大事件がなくっても、今回だってべつにウィリーしたわけじゃないし、なにがあったわけじゃないけど、だけど十何週いっちゃうくらい、見れるくらいおもしろいんだよね。……いまはだから、『どうでしょう』もこれくらいのペースがいちばん楽だなっていうのはある。

嬉野　「これくらい」っていうのは？

藤村　おもしろいものを1回作って、またちょっとドラマとか違うことをやって、またやるっていうのが。

嬉野　まあずーっとやれる番組でしょう。

藤村 ずーっとやれるねえ。

嬉野 無理して作ってないから。

藤村 あの2人がビジュアル的にキツくなるまではたぶん。

嬉野 いいものができたときに出すっていう姿勢だから。

藤村 （爆笑）。

嬉野 やれるんじゃないかと思うんだけど（笑）。

藤村 「ビジュアル的にキツい」ってどういうことよ（笑）。

嬉野 いや、年取り過ぎたらって話だけど……そりゃまあこっちが先に逝っちゃうのか。

藤村 そりゃそうでしょうよ。

とにかく無理はしない

嬉野 まあ「無理してない」っていうのは大事だよねえ。

藤村 結局ずっと言ってるのは、それだからね。

嬉野 無理しながら眺めのいいところには行けない、って気がする。無理して「戦争」に勝ったためしはないと思うんだよね。母国から戦場まで兵隊を健康な状態で送り込むっていうものもひっくるめて、戦争だと思うから。

藤村　そうだね。

嬉野　それができる国力もないのに戦争始めて、戦場で戦わせるのに途中でメシが調達できないから兵隊に食わさないとかさあ、トラックがないから兵隊を不眠不休で歩かせるとかね。そういうことでは戦争に負けるのは当たり前だと思うんだよね。

藤村　急に「指揮官代える」とかね。

嬉野　決して「がんばらない」と言ってるわけではないのよ。

藤村　いや、がんばりますよ。ものすごいがんばる（笑）。

嬉野　がんばるところは当然がんばる。がんばることは苦痛ではないの。そのためには無理をしないってことなんだろうね。それこそあんたが編集室こもるみたいに、はたから見て大変そうでも、本人は気持ちよくてしょうがないから、その作業をやめたくないっていうこともあるでしょう。がんばるのと、やりたくないことをやるのは違う。

藤村　まったく違う。「そうは言っても、やらなきゃいけないんだ」っていうのも、あるんだろうけどね。あるんだろうけども、それはすべてではないし、すごく少ないことだと思うんだよ。「これはやりたくないけど、でもやらなきゃいけない」っていう状況は、それは日常ではなくて、ほんとにまれに……それこそ親が死んで遺品の整理なんかを、したくないんだけどしなきゃいけないとかさ。そのぐらいのような気がするんだよね。

嬉野　すごい例えだな。

藤村　でもそうでしょう（笑）。「これはやんなきゃいけないでしょう！」っていうのは、それぐらいじゃないのかなあ……。

嬉野　（苦笑）、そうかい？

藤村　（爆笑）。

嬉野　すごい具体的な……具体性もどっから出てきたのか、よくわかんない例えだ。

藤村　いやいや、いまの例だけじゃないけど、でも頻度でいったらそれぐらいじゃないかなあ。

嬉野　なるほど。

藤村　「これやりたくないけど、やらなきゃいけない仕事なんだ」っていうのは、たいがい裏があるでしょう（笑）。誰かがそいつを犠牲にして得をしようとしているのか、やっちゃいけないことをやらせようとしているかってことじゃないですか。

嬉野　なるほどなるほど。

藤村　それはたぶん、回避できるんですよ。「や、それほんとにやらなきゃいけないことですか？」って言ってたら、実はやらなくていいことだったりするのが多いような気がするんだよなあ……。

東京での助監督時代

嬉野　俺もねえ、自分に無理を課さなきゃいけないから「この世界は合ってないなあ」とか、「できることならやめたほうがいいのかな」って前はずっと思ってたからね。いちばん最初にも言ったけど、俺はそこから始めて。

藤村　HTB入る前でしょ。ドラマかなんかのスケジューリングを、自分で作れって言われて。

嬉野　東京にいて、助監督やってたころだよね。だから『どうでしょう』始める前に、私のなかでは「なんでこんな奇妙なことを、みんなはやってるんだろう?」っていうのはずっとあったのね。北海道来る前に東京で、ドラマ作ったりしながら。「奇妙な」っていうのはつまり、できないスケジュールでやれって言われる。

藤村　「これを6日間で撮れ!」とかね?

嬉野　そう。あのころはバブルで、どこもわりとお金があったから、ドラマをいっぱい撮ってたの。テレビで流すんじゃない、Vシネみたいなものをいっぱい撮っていて。それで人手も足りなかったから、俺はドラマの助監督なんかやったことなかったけど、「いや、できるよできるよ」って頼まれて。でもそんな叩き上げでやってきてるわけじゃないから、わかんないけど俺なりにスケジュールを組むわけよ。それでホン（脚本）読んでスケジュール組むと、「やっぱり20日ぐらい掛かるんじゃないかなあ……」って心細く思うわけだ。それをプロデューサーに言うと「20日も掛けられるお金ないよ、10日でやってよ」と。「10日でやるのがあんたの仕事じゃないの。違うの？」とかって言われると。

藤村　あー。

嬉野　俺もよくわからないから、「あ、10日でやるのが俺の仕事なのか」「でも20日掛かると思うんだよな……違うのかなあ」と思いつつ。そうしたら無理くり10日でスケジュールをはめるわけですよ。それは当然はまるのよ、そんなものさあ。

藤村　机上の空論であればねえ。

嬉野　で、結局……ズタボロになるわけよね？　ズタボロになっちゃってすっごいグッチャングッチャンにしちゃって、みんなに迷惑掛けちゃってね。俺もずいぶん打ちひしがれちゃって。

藤村　ああ。

嬉野　これ10日でやれる人もいるかもしれない。だけどこの現場を仕切るのは俺で、「どう考えても20日掛かる」と思ってる。そのときにやっぱり、「10日でやるのがおまえの仕事じゃないのか」って言ってる相手に対して「いや、これは俺がやるんだから、20

日掛かる。その代わり20日で絶対上げる」って言うのが、仕事だったんだなあ……と、あとで思った。結局、20日ぐらい掛かったんだよね。

藤村　うん。

嬉野　そういう、たとえばここに一升瓶の空瓶があってね。そこに2升の酒は入らないって、みんなわかってんのよ。それは実際ついでみたら、1升を超えたところでどんどんこぼれていくからみんなわかるんだけれども、こと仕事となると、瓶の大きさや酒の分量が、見えなくなってると思うんだよね。それでドラマの現場に行ったって、セリフをトチりさえしなかったら「ハイOK!」みたいな。そうしないと消化できないのよ。「これはなにをやってるんだろうなあ……」って思うんだけど、もう時間がないっていうことで、どんどんどん妥協していく。苦しいばっかりで楽しくない。それでできたものは、やっぱりおもしろくないんですよ。おもしろくないんだけど、これで現場が収まったってことで、仕事としては流れてるの。「これはいったい、なんなんだろう……」っていうのがずっとあって。

断る力

藤村　その20日掛かるものを、「10日でやってよ。それがあんたの仕事でしょ」って言ってくる人はもう、作品の良し悪しじゃなくって、とにかくやりきる、モノを作ること自体が目的化しちゃってたんだろうね。

嬉野 まず、持ってるお金で計算してるからね。20日っていうのはもう論外なわけだよ。だからその人は「10日でやってもらわないと困る」とほんとに思ってたと思うんだ。

藤村 あなたから「いや、それできません」とか「いや、それ無理です」っていう言葉は、よく出るもんね。

嬉野 それはもう骨身にしみてるもの。確信してんだね。破綻していく現場って、すっごい惨めなんですよ、ほんとに。やってもやってもこぼれていって。それは俺だけじゃない、関わってるスタッフ全員が惨めになっていくのよ。「またこぼれた」「またこぼれた……」って。それよりか、巻きで終わるくらいがいいのよ。スケジュール作りは。

藤村 （笑）。

嬉野 早上がりするぐらいがいいんだ。だからスケジュールっていうのは、当たり前だけど大事だよね。でもそれをわりとみんなおろそかにしてるなあ……っていうのはある。

藤村 そうそう。おろそかにしてるね？

嬉野 平気でおろそかにしてるなあって。上の人は「やってくれよぉ～」みたいな軽いノリで来て、それでやってくれる人がいたら楽なんですよ。でもそこで「やります」と言った人も、やれるかどうかはわかってないわけですよ。

藤村　だから「やってくれよぉ～」って言われたときに、やれないものは「できません」ってはっきり言うのは、それはもう当然なんだよね。

嬉野　はっきり言ってやると、言った人もハッとするんだよ（笑）。

藤村　でもだいたいが「やります」って言うんだよね。で、破綻の方向に向かっていく。そんなので形にしても勝てないし、労働の意味がまったくないじゃないかっていう。だからちゃんと無理のないスケジュールでやるんだったら、それぞれの役割で、快感を持ってできるんだよね。

嬉野　そうなんだよ。

藤村　そういうふうにやればいいんだよね。やれる時間は絶対あるんだよ。お金の問題ではないと思うんだよね。

生理に合うやり方

嬉野　あとね……ドキュメンタリー映画の作家さんで松川八洲雄（やすお）さんって凄い人がいて。私はとても尊敬してた人なんですけど。その人の助手として、東京時代、仕事をご一緒することがあって。当時はフィルムだったから、そのフィルムで撮ったやつを、松川さんはワンカットずつ全部絵に起こすんです。３０００カット撮っていれば３０００コマ、絵に起こす。それで1コマの絵を壁にテープで順次貼りながら、フィルムにハサミを入れる前に紙の絵コンテで編集してたの。

藤村　ほう。

嬉野　『どうでしょう』は撮った順につなぐからいきなり編集するけど、ドキュメンタリーの場合、どういう作品になるのか全体を把握するために、つなぐ前にまず構成を決めなきゃいけないでしょ？　その時ディレクターは、「撮影したものは記憶しているから」と、撮影場所や撮影した事柄を文字にして、細かく項目分けするケースが多いのね。つまり試行錯誤するための文字コンテを作って、それで構成を練るわけ。

でも松川さんは抜群に絵が上手かったから、全カットを絵にしたの。「撮影してきたものを文字にしたら、頭のなかでもう一度記憶の絵に変換しなければならないけど、最初から絵にしておけばストレートにそのカットの絵が蘇る。つまり人間の生理に合う作業になるんです」と言ってた。確かに絵はすっと頭に入るのよ。その絵からいろんなことを思い出す。頭がスッキリするの。すると楽に整理ができるから仕事が楽しくなる。どのカットから始めたらいいか、起承転結の「転」になるカットはどれかって、ワクワクしながら編集できてね。「嬉野くん、あそこにあのカットが来るとじゃまじゃないですか？」「僕もそう思ってました」「外してください」みたいなね。壁一面に絵コンテを貼ることで、全体が一目で把握できる。構成に破綻があった場合もよくわかるわけですよ。なにより作家と助手が、イメージを共有しながら作業ができた。その松川さんが提唱していた「人間の生理に合うやり方で仕事をするのが得だ」っていう考え方が、すごい印象に残っていてね。そこにたどり着くのが「温泉」への近道だなあ……と。

藤村　自分の生理に近いものであれば、いくらでもがんばれるもんね。

嬉野　がんばれる。だって自分がすっきりするんだもん。そして無理なものは無理。そこは自信あるもの（笑）。

藤村　「できません」っていうのはね。そこは『どうでしょう』に関しては、社内でも非常に理解をもらってるけども。だけど、じゃあ他の人たちもそういうふうにするかっていうと、そうでもないんだよね。「障害が多い」って言うわけですよ、他の番組作ってる人たちは。

嬉野　「そうだ、そうやればいいんだ！」って言う人はなかなかいない。

藤村　できなければ「これだけ時間ください」っていうのは、当たり前なのにねえ。みんななぜそれをやらないんだっていうのは、非常にあって。

嬉野　そうだね。

藤村　逆に年末年始の特番とかあるじゃない。年末年始休むんだから、やらなくていいでしょうって俺思うんだよね。わざわざ自分たちで忙しくして、なんのためにこの人たちやってんだろうと思うよね。みんなやってるんだから、逆に休めばいいでしょうって

（笑）。みんなそうやって「これはこういう決まりだから」ってやってると、見てるほうはだんだん飽きてくるんだよね。もうそういうものに。

嬉野　それはもう、絶対にそうだね。

藤村　カミさんとかよく言うけど「年末になったらテレビが面白くなくなる」とかさ。

嬉野　それはうちのカミさんも言うな。よく「薄まってる」とかって言う。

藤村　昔はせいぜい2時間だったけど、いま3時間とか4時間とかやるじゃない？　なんでやるんだろうと。

嬉野　あれなんでやるの？

藤村　わからん。やるものだからなんでしょ。うちは視聴者のほうが「無理しないでください」って言ってくる。

嬉野　無理してるように見えんのかな。

藤村　「編集で、いまここまでやっていて」みたいなことを日記に書くと、そういう反応が返ってくる。

嬉野　無理をするわけがない（笑）。

藤村　「無理なら無理って言ってください」。言ったところでどうなるんだ（笑）。

午前2時を回っても、腹を割って話した

8時間労働、誰が決めた?

藤村　(2010年)4月に、俺と先生と福屋キャップ(前制作部長・ドラマプロデューサー)で、九州に行ったじゃないですか。仕事関係なく。

嬉野　あー、はい。

藤村　最初にね、太宰府天満宮に行ったじゃないですか。

嬉野　あ、行ったねえ。

藤村　菅原道真って学問の神様だけど。

嬉野　左遷された人だ。

藤村　そうそう。

嬉野　事実無根の罪を着せられてね。

藤村　仕事ができすぎたから、左遷されたんだよね。京の都から九州へ。だったらもう、学問の神様じゃなくて、サラリーマンの神様じゃないかと思って（笑）。仕事ができたばっかりに。

嬉野　身につまされるわけか。

藤村　いやいやいや（笑）。それはやっぱり、サラリーマンの世界にもあるよなあと思って。そのとき九州に行ったのも、会社っていうものから一回離れてみようっていう気持ちがあったんだけど……離れて、ちょっと考えたいっていうのが。「仕事っていうのはどういうことか」っていう、根本的なところを。

嬉野　会社で、席替えがあったときだったからね。

藤村　たとえばサラリーマンって、労働時間が8時間って決まってるけど、それはいったい誰が8時間って決めたんだって思って。

嬉野　……あんたの、そういうところがおかしいんだよね。

藤村　（爆笑）。

嬉野　「誰が決めたんですか？」って、確かにそうだよな、誰が決めたんだろうなって。考えもしなかったっていうところがあるよ。

藤村　でもみんな、それに縛られるんだ。それで苦しんでるでしょう？　そもそも8時間も働く必要があんのかなぁと思って。いま実質、8時間働いてないんですよほとんど。

嬉野　誰がですか。
藤村　俺。
嬉野　俺も働いてない。
藤村　でしょう？（笑）。ねえ。じゃあ会社見回してみたら、「8時間働いている人、いる？」って思うんですよ。だいたい働いてないでしょう。
嬉野　いるけどね？
藤村　いやいやいや、いるんだよ？　会社にはいるんだけど、会社にいるってことイコール働いてるという、認識もこれ大間違い。
嬉野　大間違いなんだよ。だけど、「いる」っていうこと自体が勤務態度っていうところはあるよ？
藤村　で、パソコンがあるもんだからさあ、そこの前に座ってなにやってるか知らないけど、ずっといるでしょう？　……たぶんなんにもしてないと思うんだよね。だったら8時間、いなくていいでしょうって。あれ全員さあ、ほんとに実労働時間だけ会社にいてみ？　変わらんと思うよ。会社はそれで回ると思う。なまじっか社内で余計な時間があるもんだから、社内のうわさ話で盛り上がったり、それでなんか足の引っ張り合いやったり、そういう内々の悪い楽しみかたを見つけて、余計な仕事増やしてるような気がして。

嬉野　そうだね。まあ見張られてる感はするよ？

藤村　あー……見張られてるねえ。

嬉野　だってあんただって８時間必要ないって思ってるけど、まあ、そうは言っても、昼の１時半くらいには出社するでしょう？

藤村　……12時過ぎには。

嬉野　そうでしょう？　これ３時に来て、５時に帰ったりしないでしょう。

藤村　しないね（笑）。だったら行かないもん。

嬉野　３時に来るっていうのは気が引けるでしょう。

藤村　引ける引ける。

嬉野　いくらこういう業界で、フレックスであっても、そうでしょう。ということはやっぱり、勝手に縛られてるんだよね。誰かの目を気にしてると思うんだよ。そんな監視してる人がいないとしても。

藤村　それはあるね。あるけど８時間……いや、「そもそも、そんなに労働って必要ないんじゃないの？」ってことを考え出したんですよ。結局、最終的に「温泉」入って、逃げ場を作ると踏ん張れる

「気持ちいいなあ」っていうのを味わって、なおかつ生活できればいいわけでしょう。そこに8時間っていう縛りがなければ、いまの失業のあれも減るんじゃないかとか（笑）。なんかひとつの基準というか、考え方に縛られすぎてるような気がしてねえ。そういう違う考え方もできるっていうのが、なにか心の逃げ場になるというか、やっぱり、逃げ場を作っておきたいっていうのが、基本あるんだよね。

嬉野　なるほど。

藤村　『どうでしょう』にしても、大泉なんかに状況を与えるっていうのは、実は制限をしてるわけじゃないですか。「こういう場で、こういうことをやってくれ」っていう。でもそうすると、人は動かないしキツくなるから、逃げ場を作りたいっていうのがあるんですよ。その状況のなかに。だから『どうでしょう』でも、なんとなく「こういう方向に行こう」っていう話の筋は持っていくんだけど、このとおりにやらなくてもいいっていう場所も与えたいっていう。

嬉野　逃げ場ってたとえばどういう?

藤村　縛られる必要はない。相反することかもしれないけど、「場を与えているんだけど、この場に縛られる必要はない」っていうのを同時に与えたいっていう。「ここにいてください」っていうと、人間はこっから出ることばっかり考えるんだねえ。

嬉野　なるほどなるほど（笑）。

藤村　じゃなくて、「ここにいてください。でもいたくなければ出てもいいんですよ」っていうことをやると、たぶんいてくれるっていう、感覚があるんだよね。

嬉野　なるほど……。深いねあんた、その話。

藤村　(笑)。

嬉野　ふ——ん。確かにそうだ。たいしたもんだね。

藤村　それは自分もそのほうが動きやすいっていう。自分が状況を与えられて、「最終的にダメだったらダメでいいっすよね」って言ったときに、「いや、ダメでも全然いいんだよ、でももしかしてできるかなと思って」って言われると、「いや、全然できますよ!」って逆に力が発揮できる(笑)。

嬉野　そうなんだよ。まったくそうなの。「ダメとは何事か!」とかって言われると。

藤村　言われるともう……。

嬉野　ダメになりそうな気がする(笑)。あるよね、それは。だって人間、がんばるんだもん。基本がんばるんだ。

藤村　そうそう。言われなくても。

嬉野　でも苦しくなったら、逃げたくなるんだよ。

藤村　なるなる。

嬉野　そのとき「逃げてもいいよ」って言われたら、「いやがんばります!」ってなるんだよ（笑）。

藤村　なるんだよ絶対に（笑）。

嬉野　そうなんだよ。

藤村　それでいま「仕事がない」っていう状況があちこちであるわけじゃないですか。大学生も半分も内定してないわけでしょう。「仕事がないと生きられない。もうダメだ」ってみんな思っちゃうわけじゃないですか。でも、逆に言えばだよ？「仕事がなくても生きていけるんじゃないの？」っていうのも与えたいっていうか（笑）、そうしたら、もうちょっとそこで踏ん張れるというか。

嬉野　なるほどなるほど。

藤村　食っていければいいわけだからね。……会社組織のことを考えてるうちに、そこまで考えが広がっていったんですよね。

嬉野　それは、そういう状況のなかで勝手に自分を追い詰めていくことを回避させるっていう。

藤村　そうそうそう。

嬉野　働き口がなくても生きていけるんだっていうところがあれば、べつにいいんじゃないのっていう。……おんなじように、8時間いなきゃいけないからと思って、必死で8時間いる必要はないいんじゃないのってことなんだね。

藤村　そういうのを示したい……っていうのを、九州に行ったときに考えたわけですよ。

姫だるまの町、竹田にて

嬉野　あのときも、なんで九州だったんだっけか。
藤村　あなたは「東北がいい」って言ったんだよね。
嬉野　九州だと実家に近いしさあ。
藤村　でも東北だと北海道に近いでしょうと。で、結局こっちが勝つんだよね（笑）。
嬉野　「まあ……そうだね」みたいなね。
藤村　俺が九州って言ったのは……サーフィン。
嬉野　ああ。あなたサーフィンやってたね？
藤村　福屋キャップが昔から「サーフィンはいいぞ、サーフィンはいいぞ」って言ってて。それでキャップが「宮崎へサーフィンに行く」って言ったから、それだったらいっしょに九州行こうよって。結局、キャップは腰を悪くしてサーフィンできなかったんだけど（笑）。でも温泉もあるし……あと福屋キャップに、大分の竹田の町（「原付西日本制覇」で訪れた「後藤姫だるま工房」がある）を見せてあげたかったっていうのもあってね。疲れたサラリーマンにさ、こういう町でこういうふうに人が暮らしてるっていうのを、見せたかった。その、姫だるま作ってる後藤さんの実家が山の上にあって、お父さんが一人で暮らしてるんだけど、そこに泊めてもらって。お父さんの話がまたちょっとよかったんだよね。ほぼ自給自足の生活をしていて、炭焼いたり、米とか味噌とかを全部自分で作ったりしてて。

嬉野 そうだね。

藤村 お父さんの話を聞いてると……なんかね、ときどき農業の指導員が来て、「こういうお米はこうやって育てるといい」みたいな話を、農家の人を集めてするんだと。でも集められた人たちは「全然おもしろくない」って言って、そのお父さん――安藤さんっていうんだけど、「安藤さん、あんたちょっとなんか話してくれ」みたいに言われて、それで経験を交えて「雨が降ったら、これはこういうふうに……」みたいな話をすると、みんな「おもしろい、おもしろい」ってなって。「ずうっと俺の話を飽きずに聞いてくれた」って、お父さんは言うんだね。その違いはなにかっていうと、「指導員の話にはストーリーがない。彼がやったのは『話』なんだ」と。「でも俺がやったのは『語り』なんだ」と。「人が話を聞いてくれるかどうかは、『語れ』るかどうかなんだ」っていう話があって、それがすごいよかったんだよね。

嬉野 あー。

藤村 「話」と「語り」は大きく違うと。たぶん『どうでしょう』も、「A地点からB地点まで移動しました。次C地点に行こうと思ったら、びっくり仰天、D地点に着きました」っていうだけなら、それは「話」で終わっちゃう。人は、最終的にどこに行ったかを聞きたいんじゃなくて、その間にどんなことがあって、どんなことを思ったのかって、そういう些細なことが積み重なった「語り」を聞きたいんだと……お父さんの話を聞いて思ったねえ。

嬉野　「竹田は電気止まっても生きていける」って言ってたね。

藤村　あー。温泉あるしねえ（笑）。

嬉野　要するに「いまだにみんな自活する術を知っている」って言ってたよ。お父さんが。

藤村　そういうところに……なんか行ってみたかったんだよね。

嬉野　行きたかったね。いや、行ってよかったですよ。

男と女のたけのこシステム

藤村　あと、ちょうどたけのこがね。

嬉野　たけのこ、掘ってましたなあ。

藤村　ちょうど季節だったから、たけのこ掘りに行ったんだ。鍬持たされてね。たけのこって見つけるのが大変で。

嬉野　足の裏で感じ取るんだね。

藤村　芽が出てるかどうかを。地面の上に出ちゃってるやつだと大きくなりすぎてる、地面に出てるかどうかぐらいがいちばんおいしいから。それを歩きながら、靴の足裏で探りながら、こう探すわけじゃん。それがうまい女の人がいてね。「ここあるよーっ！」「え、すごいですねえ」って行って「じゃあ掘りますか」。そしたら1本掘るのにすごい力がいるんだ。力いるし、めんどくさいんだよ（笑）。けっこう深くまで掘らないといけないから。で、こっちがそういうふうにやってると、むこうでまた女の人が「あったよーっ！」。そしたらまたみんなでわーって行って「よく見つけられるねえ」って、すごいほめられてるわけじゃん。……これ見つけるほうが楽だし、見つけるほうがヒーローだなと思って。

嬉野　（笑）。

藤村　「わりに合わんな」とか思って。でも、その女の人が「掘り方すごいうまいわあ……」って言ってくれるから（笑）。「そうすか？　でもふつうに掘ってるだけで」って言うんだけど、「いや、ちゃんと掘れてるし、掘り方うまい」「あ、そうですか」とかってまた掘ってるじゃない。そうするとまた「見つけたーっ！」とかって。最終的に「やめようかな……」と思ったんだけど（笑）、でもまたほめてくれるから、とりあえずやるじゃん？　で、わかったんだ、このたけのこ掘りのシステムが。

嬉野　おー。

藤村　女の人と男の人の役割っていうのがまず違って。女の人はどっちかっていうとラクな仕事をして、男は力仕事をやるんだけど、女の人は必ず男の人をほめなきゃいけない。ほめることによって男も「しょうがないな」って働くっていう。これはシステムとして、非常に正しいなと。

嬉野　実感したんだ。

藤村　実感したんだねえ。そういうシステムが、ちゃんとできあがってんなぁと思って。

嬉野　やっぱ土地の人だよねえ……。そのシステムも「温泉」なんだね。

そろそろ寝ますか

藤村　話変わるけど、こないだテンピュールの枕買ったんですよ。ようやく。ずっとほしくて。枕が合わなくて寝れなくてさ。

嬉野　ふーん。

藤村　寝るのが楽しみで、もう（笑）。

嬉野　そうなの？　へー。

藤村　いいですよ。で、テンピュールのマットもあるんだよね。あれ買いたいね。
嬉野　高いの？
藤村　枕が1万5千円くらいした。
嬉野　枕でか。
藤村　でもテンピュールがいいですよ。昔似たような低反発の買ったことがあって。3千円ぐらいだったんだけど、全然ダメ。
嬉野　そうなんだ。
藤村　低反発っていうか、沈みっ放しなんだ。なんかこう――
嬉野　反発しねえんだ。
藤村　しやしねえ（笑）。
嬉野　沈む一方なんだ。
藤村　ダメだよあれ。で、形がまたいいんだよね。首のところが盛り上がってて。買ったほうがいいですよ。ビックカメラで。
嬉野　ビックカメラで売ってんの？　枕を？
藤村　売ってますよ。ビックカメラなんでも売ってんじゃん。おもちゃ屋さんもあるし。札幌駅の、あそこね？
嬉野　あるある。

藤村　あそこに寝具があるんですよ。
嬉野　俺にも買ってくださいよ。
藤村　……なんで俺が買わないといけないんすか。
嬉野　お歳暮で。
藤村　（爆笑）。なんであんたに。じゃ、それ俺にも相応のものを……。だったらお互い買ったほうが早いでしょ。なんで俺がお歳暮を、あんたに一方的に贈んなきゃいけないんだ。
嬉野　あわよくば、もらいっぱなしでって思ったんですけど。
藤村　あー……それはないですね。
嬉野　ない話ですよね。当然そうですよ。

2011年あとがき

人と話をするということ

藤村忠寿

「人と話をする」というのは、生きる上でとても大切なこと、というより、それ自体が、人が生きている目的なんじゃないかと思う。人は、人と会話することで生きていくことができ、何かを生み出すことができる。ひとりで考えることも大事だけれど、だいたいそれは出口が見えない。出口が見えないとキツイ。でも、出口が見えないことを人に話して、「それわかるよ」と言われただけで、割とスッキリしたりする。別に何も解決していないのに。そう、解決しなくても、人と話ができればスッキリして、生きていける。人間、うまくできているもんだと思う。お互い「今日はいい話ができたな」と思えれば、気持ちが晴れ晴れとして、きっと何かを始められる。ひとりで考えてるだけの人は、人間の能力を半分しか使ってないと思う。話もそこそこに、「とにかく結果を出して」って言う人は、相手を人間じゃなく機械かなんかだと思ってる。だって、複雑な言語は人間だけが持っている機能なんだから。嬉野さんとはもう15年以上、机を並べて話をしている。これからも、いろんな話をしていくと思う。お互いに、ちゃんと生きていくために。

自分の運命は他人の中にある

嬉野雅道

出会いとはなんだろうと、みょうにこの頃、思うのです。もちろん答えは出るわけもなく。それでも、出会いは求めて得られるものではないのだと思えば、やっぱり奇妙な気持ちになるしかない。つまり。私はこういうことが言いたいのです。私はこの25年間、今の職業が自分に向いていると思ったことがない。このテレビの世界で、私という者はいったいなんなのだとずっと考え続けていた。そして思い当たったのです。私はきっと幽霊のような者なのだろうと。私には肉体というものがない。だから漂泊の思いがやまないのです。私は宿主と巡りあうまで空気中を漂う、ウイルスのような者なのです。漂ううちは何をすればいいかも分からない。でも。ウイルスである私は、藤村忠寿という肉体と出会うことで、おのれの仕事を迷うことなく開始したような気がするのです。それはまるで、ウイルスである私のＤＮＡにあらかじめ書き込まれていた前世からの約束事を、果たしているかのようにです。生まれも育ちも世代も違う他人が、出会いを通じて私にやるべきことを伝達してくれる。その奇妙な感覚が、この対談を通してさらに深まった気が、するのです。

2013年、腹を割って話した

旅に出る前に、
腹を割って話した

新作はアフリカ

藤村　『どうでしょう』の新作ロケ（13年「初めてのアフリカ」のこと）に、来週行くんだよね（この日は13年4月1日）。9日に行って20日に帰って来る。それで今回東京に来た理由のひとつが、注射。

嬉野　予防接種だね。明日打つ。

藤村　次の旅はアフリカだから（編集部注・単行本時はオンエア前のため伏字）。最近ミスタさん（鈴井貴之）とよく飲んで、その時に新作の企画の話したら「いやー、アフリカくらい行きますか」ってなって。別にもう、どこでもいいんですよそれは。

嬉野　前回の「カブ」（11年・DVD第29弾収録）の時もそうだったけど、「どこに行くのか」とか「何をするのか」には、もうあまり重きを置いていない。

藤村　そう。それで人づてに「アフリカに行くんだったら、いいコーディネーターがいますよ」「あの人おもしろいですよ」って聞いて。実際会ったら、1時間でその人のことがよくわかって「あ、こりゃあいいや」と。

嬉野　ロビンソンみたいな感じの人だから（笑）。

藤村　それに最近は機材も、テープとかじゃなくて、あの……。

嬉野　カード。

藤村　そう。カードだから、撮影したデータが一気にバンッて消去されちゃう恐れもあるから、バックアップしとかなきゃとか。やっぱりアフリカはかなり遠いから、そこのロケに最近の機材事情に慣れてるやつをと思って、前からよく知ってるテレビマンユニオンのスタッフも連れて行く。

嬉野　それは正解だったよ。だって前回ロケしたのって3年前でしょう。あん時はおれ、カメラ回してないからね。となると2006年の「ヨーロッパ」以来だから実に7年ぶりのカメラ。その間におれも歳を取ってるし、機材管理とか周辺雑務もずいぶん変化しちゃってるからね、そういう時にいろいろ任せられる人間がそばにいてくれると、今までと同じ余裕の精神状態でやれるんですよ。

藤村　すごくいいんだよね。でも、お客さん（視聴者）にしてみると「やっぱりいつもの4人がいい」みたいな感覚はずっとあると思うんですよ。前回の原付の時も、嬉野さんの代わりにカメラマンを入れて。

嬉野　前回おれ、病弱だったから（笑）。

藤村　あの時も多分「えっ嬉野さんじゃないの？」って違和感持った視聴者の人がいたんだろうけど、おれらにはまったくそういうこだわりはなくて。今回もコーディネーターや社外のスタッフを連れて行くっていうのは、そのほうがやりやすいっていうだけだからね。見てるほうの固定観念と、おれらの考えてるその時その時の番組のベストの状態ってのは、多分違うっていうのはあるだろうね。

嬉野　まあ……それはそれでいいんじゃないですか？

藤村　そうね（笑）。

嬉野　見てるほうは、「4人だけで行ってほしい」っていう気持ちがずうっとある。そうは言ってもねえ？　面倒な雑務を日々老化していくこの頭で管理しながら、「めんどくせえなぁ」と思いつつロケするよりかはね、ちょっとこう解放された気持ちになれるくらい他人任せの布陣で行ったほうが……っていう、それだけのことなんだよね。

藤村　そうそう。だからもう今回は完全に、企画もコーディネーターのおっさんに丸投げしてるもん（笑）。どこを回るかも全部丸投げしてる。そのほうがいいと思ったんだ。だって前回の新作で走ったカブのコースだって、全部あなたの奥さんが決めたようなもんだからね。

嬉野　「決めたようなもの」っていうか、全部決めたでしょ、うちの女房が。

藤村　（笑）。あなたの奥さん、バイクに乗る人だから。おれらも昔はそういう細かいところまで含めて、自分でやることに興味があったんだけど、今はないんだよね。前回でも言ったかもしれないけど、「ロケで何をやるか」っていうことに、重要性を感じなくなってるから。行く前からそこに凝り固まると、逆にタレントもこっちもお互いよくないなっていうのがあって。

いつもどおりの世界

嬉野　そうね、それはあんたの持論みたいなところだけど。それと同じような話としてね、例えばこないだのUstream（13年3月29日放送「腹を割って話そう」）で、「女川（宮城県女川町）の人たちが『どうでしょう』のDVDを震災後ずっと見ていてくれた」っていう話をしてたでしょう。でね、結局震災っていうと、その「震災」っていう大きな物語のほうにばかり、みんな目が行ってしまうんだけど。

藤村　うんうん。

嬉野　でも、震災があろうが何があろうが、やっぱり人間って、朝起きてさ、ごはん食べて、人に会ったらあいさつして、電車に乗ったりとか、「お花がきれいね」とか、スーパーに買い物に行ったりとか、途中で野良猫にあったりとか、日常生活で繰り返してる何気ない小さな出来事を、意外におろそかにしてないんだよね。
だから女川の人たちも、もちろん震災の動揺はいまだに強く残っているだろうし、ダメージは時間差で襲ってきたりもするんだろうけど、でも震災一色になりがちなムードの中でもいつものように『どうでしょう』を見ることで、「ああ、自分はちゃんと日常を生きているんだ」っていうのを再確認できるっていうのかな。そんな効用がうちの番組にはあるんじゃないか。そして人間にとって本当に大事なものは、そういう小さな出来事の中にあるんじゃないか……っていうのが昨日、帝京大学で宗教哲学やってる筒井（史緒）先生との話の中で出てきてね。そん時おれ思ったんだけど、例えば「今回、ロケでアフリカ行きます」と。これはほら、大きな物語だよね？

藤村　はいはいはい。

嬉野　でも、その大きな物語が番組を面白くしてるわけではないんだと。だからそこは他人に丸投げして、そうじゃない、むしろその谷間で発生するだろう小さな出来事のほうに実は面白くなる要素がある。そこに『どうでしょう』の本質がある。だから自分はそこに集中したいっていうあなたの考え方と、さっきのその話が、どうも深くリンクしている感じがするのよ。

藤村　……まさにそうですわ。だから震災の時もおんなじで、ああいうでっかい災害があった直後に、「うわあ大変だ、悲しまなきゃ、何しなきゃ」っていう、そういう考えにはどうしてもならないんだよね。

嬉野　震災が2年前に起きちゃって、あのあとにいちばん放送しちゃいけないって考えがちなのが、要するに『どうでしょう』みたいなものでしょう？　「あんなおちゃらけたものを震災直後に放送するのは、いかがなものか、やっぱり自粛したほうがいいだろう」って、そういう方向に転びがちになって、世の中を大きな物語一色に染めてしまいそうになる。でも、むしろああいう、「いつもどおりの世界」ってものを疑似でもいいから体験したいって思う気持ちが、人間の深層にはあるんじゃないか。

藤村　なるほど。

嬉野　人は普段は、そこのところを見落としがちでね。だけど非常時が続くと、小さな出来事を繰り返していた日常にみんな帰りたくなる。でも帰れない。そういう時に『どうでしょう』を見てしまうわけでしょ。ひょっとするとさ、日常に起きる小さな出来事の中で人間が感じてることとね、『どうでしょう』を見た時に感じてしまう面白味ってものが、実はとても近いところにあるんじゃないか。一見おちゃらけてるだけって思われてる『どうでしょう』だけど、あの番組の中にある面白味を、なぜ人は繰り返し面白いと思って見てしまうのか、そこをどんどん突き詰めていけば、どっかで人間の根源的なところに行き当たってしまうんじゃないか。それくらい何か、普遍的なもののそばにあの番組があるから、普段の時に見ても、何回見ても、面白いと思えるんじゃないかって。

藤村　そうだよね？　結局そこを求めてるから、行き先がどこだっていうところには興味がなくなっていて。おれが考えてるのは……大泉（洋）もかなりメジャーになってしまったけど、でもやっぱ安心感があるんだよね。もちろんミスタさんにしても、あんたにしてもそうで、安心感が非常にある。それで旅を続ける8日間の中で、各人の感情がどうやって噴出してくるんだろうっていう。これは実際にロケが始まってその時になってみないとわかんないけど、でも準備はもうすべて整ってるから。「こうなったら、こうするんだよな」って、現場で展開していくってことがわかってるから、もうそれを見たいだけなんだよね。

嬉野　そこなんだと思う。

イベントは単なるきっかけ

藤村　おれはだから、「新作だからどーんとやりましょう」みたいな、大きなことをあんまりしたくないんだと思う。そっちに全部行っちゃうから。誕生日とかさ、嫌いなんだよね（笑）。イベントを祝うのが嫌いなの。

嬉野　あー。

藤村　それだと、その日だけを特別に考えちゃう。「いや違う、毎日がそうだろう」っていう気持ちがどっかにあるのかもしれない。だから……つい先週、下の娘が大学進学で京都に行くんで家出るっていう時にも、特別なことはなるべく何も言わないようにしてたのよ。今、感傷に浸ってても意味がない、むしろここからの4年間のほうが大事だろっていう。ここでお互い「いや、今までありがとう」かなんか言っちゃうと、そこだけに目が行ってしまって、満足して終わってしまいそうで。

嬉野　きっと、大きな物語とか大きなイベントとかは、人を日常から引きはがしてしまうものなんだよね。強い刺激のような、ショックのような。だからそれが弾みになったり、何かのきっかけになったりする。でも日常を失くして、イベント一色になって、のべつ幕なしに弾んでばかりいたら、おれらの中身は空っぽになるだけっていう感じはする。

藤村　震災も、もちろん特別なことではあったんだけど、あれはみんながみんな特別なことにしすぎてるから。女川の人たちが言ってたんだけど、「いつまでが復興なんですか」って聞かれるんだって。「いつまで」って言ってもね？　それこそイベントごとじゃないんだからさ。来年に終わるとか再来年に終わるとかっていう話じゃないから。これからも毎日続くことだから。アベノミクスなんてものもさあ、明らかに「ブチ上げてみました」っていうだけで、そのあとのことはなんにも考えてないとしか思えないからね？

嬉野　そうね。

藤村　新聞も騒ぎ立てるし、株価も上がったっていうけど、「で？ その結果将来はどうなるの？」って思うしさ。でもそれで盛り上がってるっていうのに、おれはどうも……腹立つところがあるんだね（笑）。会社でもやっぱり、最近よく腹立てるじゃないですか。愚痴はあんまり言わないんだけど。

嬉野　「しょうがないな」とは思いつつね。

藤村　しょうがないとは思いつつ。でもなんでそのとき限りの弾みばかりを求めてしまうんだろうと思って。弾みがいらないっていうんじゃないんだよ？ でもそれは看板でしかないから。本質はそこじゃない。看板は大きくしても、商品はちゃんと普段使いの器を置いとくとか、そういうことだと思うんだけどね。

嬉野　「祭り（『水曜どうでしょう祭 UNITE2013』）」もそうよ。また真駒内(まこまない)でやるじゃない。

藤村　そう、祭りもおんなじなんですよ。祭りをやるっていうと、会社の人とかみんな「ステージで何やるの？」って聞くでしょう。「コンテンツはなんなんだ」と。違うんだよ、大事なのはそこじゃない。おれらはステージで何をやるかなんて、まったく興味はない。大事なのは、祭りっていう看板をおれらが立てて、そこに『どうでしょう』好きが集まるっていう、それだけでいい。あとは普通に4人が集まって、ちょこちょこっとみんなの前で話をするぐらいがあれば、それで何があといるの？って思うんだよ。そういう本質以外の部分に重きを置いちゃ駄目でしょう。

日常的に『どうでしょう』している

嬉野　そういうのって、おれら個人の中に、もともとの感覚としてあったんだろうけど、番組を作るっていう具体的な行為の中で確信していったところがあって、その目線でおれらは世の中の有りようも見てるってことなんだろうね。

藤村　『どうでしょう』が一旦終わるっていう時もね（02年「原付ベトナム縦断1800キロ」・DVD第1弾収録）、ミスターなんかは「華々しく終わればいいじゃないですか」とかよく言ってたんだけど、それはなんか嫌だったんだよね。

嬉野　「華々しく終わる」っていう気は、最初からなかったわけでしょ？

藤村　ないない。

嬉野　だってあんた「他のことやりたい」って言ってたから。他のことをやるためには毎週できないから。

藤村　そうそう。それだけの話だから、それだけの話にしたかったの。それはつまり、「一生どうでしょうします」っていうことだよね。そこに特別なことは何もない。

嬉野　「一生どうでしょうします」って言って、だけど実際おれら、新作はもう前のカブ（のロケ）から3年もやってないよね？　それでも日常的に『どうでしょう』をやってる気がするでしょう。

藤村　日常的にやってる。

嬉野　どっかで番組と実人生がおんなじになったっていうか、おれらが生きていくってことがすなわち『どうでしょう』なんだ、それでいいんじゃないかみたいなところがある。

藤村　それは確かに、何年も前に言ってましたもんね。「おれらがどうやって生きていくかっていうのを、見せることじゃないか」って。

救済としての『どうでしょう』

嬉野　こないだのイベントで、九州大学の佐々木（玲仁）先生が「『水曜どうでしょう』の構造」っていうテーマで講演をやってくれたじゃない。テレビマンユニオンでさ。そこにたまたまお客で大学の研究者の人が来てて、その人が帝京大学の筒井（史緒）先生なんだけど、最後の質疑応答で手を挙げてくれたでしょう。「佐々木先生は『どうでしょう』の構造について分析なさったわけですが、『どうでしょう』の質的な部分はどのようにお考えですか?」って。それで「私は『どうでしょう』の中に、『救済』がある気がする」って。

藤村　言ってたね。

嬉野　バラエティの『どうでしょう』と「救済」ってやつは、すぐには結び付かないような気もするんだけど、おれの中ではそんなに違和感がないっていうか。

藤村　それはやっぱり「日常に戻す力」があるっていうことなんだろうね。いわゆるバラエティ番組っていうもののひとつの役割として、豪華なタレントさんが集まって豪華なメシを食ってみたいな、そういう自分たちにはできない一種の夢を見せるっていうような非日常なところがあるんだろうけど、おれらがやってるのはそうじゃない。

嬉野　結局さっき言った、大きな物語とか大きなイベントでない、日常の小さな出来事の反復っていう。

藤村　実はそこにこそ面白さがある。俺ねえ……例えばさ、「婚活」って言葉、大っ嫌いなんだよね。あれは一種のイベントにしてるってことでしょう?　異性と知り合う、付き合うっていうことを。

嬉野　婚活がかい?　あれはイベントかい?

藤村　イベントじゃないかい？　そんな名前付けて。

嬉野　いやぁ、あれは単なる便利な言葉じゃないのかねぇ。婚活っていうのがなかったら……例えば、「あんたさあ、もういい歳なんだから結婚したほうがいいよ」とかね？「いつ結婚するつもりなの」とか周りから言われた時に「いや、婚活中だから」って言ったら、それで終わんじゃゃん。誰もそれ以上、口出しできなくなる。

藤村　あー（笑）。

嬉野　そういう世間の外圧をスルーしていける便利な言葉であって。もちろん、世間体っていうのが瓦解して個人が自由になりすぎると、何も待ってない毎日が続くっていう。その時にとても寂しいことにはなると思うけれど。あー、でも、それって結婚を日常的なものから引きはがしてることだから、やっぱイベントか……。

藤村　そうでしょ。

嬉野　そうだね、めんどくさい親戚のおばちゃんがお見合い写真いっぱい持ってきたりっていう状況があるのは、悪いもんではなかったと思うんだよね。

藤村　それがいわゆる「日常」なわけじゃないですか。そっちのほうが、生きてる上では面白いわけでしょ。……なんでも記念日にするとか、そういうのがだめなんだよなあ。自分に絶対合わないところっていうか。「それやると絶対、中身なくなるぞ」っていうのがわかるから。

嬉野　中身、なくなったんじゃないの？　中身なくなったから、記念日ばっかりしてるんじゃないの。

実地で気付いていく

嬉野　前回の時にあんた、「サイコロの旅」なんかでも、「DVDにする時はサイコロ振るシーン、なくしてもいいんじゃないかって思った」って言ってたでしょう。大胆なこと言うなあとその時は思ったけど（笑）。

藤村　そうだそうだ。……それもほんとそうだ。サイコロが重要じゃないんだよね。あれは単なる看板だったんだ。「こういう店開きます」「新装開店！」っていう。だからあそこには、なんの重みもなかったんだ。

嬉野　それは、最初からそう思ってたのかい？

藤村　いや、やっていくうちに気付いたんだろうね。「あ、こういうことをやっても面白くないんだ」と思って。実地で気付いていく。

嬉野　「原付ベトナム縦断」やって、一回休んだ後の、「ジャングル・リベンジ」（04年・DVD第6弾収録）の時は、本音として「ジャングルに行きたくない」っていうのがあったよねえ。

藤村　(笑)。

嬉野　いろんな企画を出してさあ、じゃあどこに行くかってなった時にあんまりピンと来なくって、結局「もう一回……ジャングルに行ったらどうなるんだろうね」って。

藤村　それ言ったらミスターがすごい嫌がったから、「そんなに嫌ならじゃあ行こう」っていうことになったんだよね(笑)。まあそれはひとつのきっかけだけど。あ、でも今度の新作は、「ハードなことをやろう」っていう気はあるんですよ?

嬉野　……あるんだ。

藤村　別に温泉入って酒呑んで、っていうのでもいいじゃんっていうのは全然あるんですけど(笑)。ミスターと呑んでる時に「いつまで、こういうのできるんだろうね」って話になって。エベレスト登ったりとかね?　そういうハードなことをいつまでできるんだろうって、そう思った時に、おれは単純に「できるうちに、もうちょっとやっとこうかな」って思ったっていう、それぐらいのことで。だから海外の――それも行ったことない、暑苦しい、アフリカなんかがいいんじゃないかと。そういう意味では、やっぱりそこにもあんまり大きな意味はない。「その時そう思ったから、もうそれでいいんじゃないの」っていう。結局決め手なんてそんなもんなんですよ。でもそこに迷いはない。

嬉野　なるほど。

前回のプレッシャー

藤村　だから別に今回アフリカに行こうが、それは大きなことじゃないから、なるべく準備しない。なるべく真っ白な状態で。……前回のカブは逆に不安があったから、それを打ち消す手段としてね、「別に新作だからって、気を張る必要ないでしょ」っていう態度を見せるために、あえてこっちが準備しないっていう考えがあったんだけど。今回はもうそんなこともいらなくて、本当に真っ白な状態で全然いけるなっていう。逆にちょっと楽しみなくらいで。

嬉野　カブの時は、不安があったんだ？

藤村　まだ不安があった気がする。なんか「面白くしなきゃ、みたいなのが見えると嫌だな」っていう。その前に4年もブランクがあったから。

嬉野　お客に見せなきゃいけないから。

藤村　そうね。それはもう大前提なんだけど、「大泉はどういう気持ちでここに参加するのかなあ」とか、「あいつもあいつなりにプレッシャー感じてるんじゃないのかなあ」とか。「ミスタさんの精神的には、この新作をどう捉えているのかなあ」とか、「ミスタさんだって、自分が何かやらなきゃいけないと思ってるんだろうなあ」とか。そういうのをいろいろ考えると「おれにだって、ちょっとそういうのがあるな」って思い当たるわけですよ。「おれも確かに、ちょっと気張ろうとしてるなあ」って。

嬉野 うん。

藤村 それで結局、腹太鼓とか相撲とか、どうでもいいことやって（笑）。それでやっぱり全然良かったからね。いろいろ考えるけど、でも結局こうなるじゃんって。だから今回は不安はまるでない。ミスタさんも今、すべてを受け入れてる感じがあるし。

嬉野 ミスターは最近、森かなんかに家を建てたんでしょう？ それで引きこもって自活してるって。その田舎町の商店街のスナックに入ったりして、地元民と酒盛りとかしてるわけでしょあの人は。

藤村 「雪かきは大変だ」って言ってたね。おれは雪かき好きだからさ、「雪かきはこういうふうにすればいい」みたいなこと言うと、ミスタさんも「あーわかるー」みたいな（笑）。

嬉野 歳相応だけどね。

藤村 歳相応の、おっさんの話をする（笑）。楽しんでるみたいですよ。

嬉野 ミスターも安定した。

藤村 ミスタさん自身が揺れてるっていうことは昔からあって――でもそれは、この2年くらいで完全になくなったね。もうちょっと前からそうだったのかもしれないけど、最近はよく一緒に呑むから、そこで言葉にしてちゃんと言ってくれるし、おれらの言ってることもすごく理解してる。今まではそこまでの密なところはなかったけど、それこそ腹を割って話してるから、おれなんかあの人のことすごく信頼してるところがある。「ダメなところは、やっぱりダメだな」って思うところもあるんだけど（笑）。

嬉野　それも含めて。

藤村　それも含めて。虚勢を張るんですよ、あの人。まあお互いあるんだろうけど、呑んで話すことでそれが一気に解けたから。「ああ、この人全部自分でわかってるんだ」っていうのはすごく感じる。それもそうだし、大泉もやっぱりテレビで、ドラマとかの芝居は違うけど、それ以外の時に、例えばなんかの記者会見とかでしゃべってるのを見ると、相変わらず面白いこと言ってるし（笑）。だったらもう、不安は本当にないんだよね。

面白くならないわけはない

藤村　だっておれ、もう「前枠」の台本すらいらないかなと思ってるもん。

嬉野　あー。

藤村　前枠に限らず、誰が何をすべきかっていうのは、もう全員わかってるじゃないですか。大泉は何する、ミスタさんはどういう立場でいる、おれはどういう立場でいる、あなたは何するって、もうわかってるし、そこに信頼があるから。勝手にやってくれるから、おれが下手に声を掛けるよりも全然いい。だから来週ロケ行くって言ってんのに、本当になんにも用意してない（笑）。だって、スケジュール表かなんか来たわけでしょう？

嬉野　来たね。

藤村　それすら読んでないもん（笑）。

嬉野　大して見てないよねえ。

藤村　見てないでしょ？　あなただって別に見ないでしょ、もう。

嬉野　だってアフリカに詳しい、熱意のあるコーディネーターもいるんだから、別にいいと思っちゃうんだよね。

藤村　いいと思っちゃうでしょ。思っちゃうっていうことは、行けばおれたちはなんとかするでしょっていう。集合時間さえわかれば、みんな集まってくるし、それでもう始められる。

嬉野　集合しなかったら集合しなかったで、やりようはあるし（笑）。

藤村　ミスタさんがずっと寝てるんなら寝ててもいい（笑）。とにかく8日間という日常を、面白い日常をアフリカで過ごすだけの話だから。……パスポート忘れたりしたら困るけど（笑）。

嬉野　あんた的には、「そこで大して面白くならなくても、それはそれでいいや」っていうのはあるの。

藤村　いやあ、「大して面白くなくてもいいや」っていうのは、みんなに対するポーズであって（笑）。

嬉野　はー。

藤村　番組始めたころは、そういう気持ちでいないとみんながリラックスできないっていうのがあったから、そう言ってただけであって、今は「面白くならないわけはない」と思ってるから。だってほんとに一日中何もなくても、2日目何もなくても、3日目何もなくても、4日目何もなくてもですよ？　5日目には爆発するわけですよ、結局どうやったって、さすがに人間は爆発しますから。

嬉野　まあ……あんたが最近よくやってるマラソンだってね？　あんたと石坂店長だけだってそこそこ面白くなるわけだからさ（HTBグッズ担当・石坂氏と共に12年11月大阪マラソン、13年3月竹田名水マラソン参加）。

藤村　（笑）

嬉野　どこにでも落ちてるもんだと思うよ、面白さは。

お互い不安を見せない

藤村　人間が持ってるものさえ出れば、面白くなる。だからと言ってね。何も持ってない人が行ったら、それは不安しかないよ。仕事もそうじゃないですか。なんにも持ってない人がいたら、その人は周囲に不安をまき散らすだけなんですよ。自分の役割がわからないのに職務で入れられちゃって、「これ今、どうなってますか？」「大丈夫でしょうか」みたいにさ、自分の不安をどんどんこっちに被せてくるから。

嬉野　そういう方は……いらっしゃいますもんね。

藤村　仕事上ではすごく多い。

嬉野　そうですそうです（笑）。

藤村　おまえの不安は知らねえよと。周りに伝播させるなよと。そういう人、組織には絶対いるからね。

嬉野　高座に上がってる落語家さん本人が緊張してたら、それが客席に伝わっちゃって、お客さんも笑えなくなるっていう。あれと同じかもしれないね。おれはそもそも不安になることは、基本あんまりなかったよ。対象物を撮るっていう立場だから。

藤村　あー。そしたら、現場現場であるんじゃない？　撮る時に。

嬉野　不安、はなかったよ。

藤村　不安っていうか、考えるっていうか。

嬉野　カメラ位置がどうしても決まらない時とかね。「夏野菜」（99年・DVD第16弾収録）の調理の時はそうだった。調理場がでかすぎて。だからと言っていつも絶対的な確信とか、そういうのがあるわけでもないのよ。ひとつの公式っていうの？

藤村　そう、それはおれも嫌なんだよ。

嬉野　何か万能な方程式があって、それさえあればみんなうまくいくとか、そういうことではないんだよね。

藤村　そういうものを求める時点でダメになっちゃう。『水曜どうでしょう』っていう番組が、それこそ誰も注目していないところから始まって、徐々に4人の、チームとしてのスタイルができあがってきた。そこで「お互い不安を見せない」っていうのは、すでにあったんだと思うんですよ。大泉は大泉なりに、何かいろんなことがあったとしてもそれを見せないでおれに乗っかってくれたり、ミスターはミスターなりに、自分の立場でがんばってきたんだと思うんだよね。そういうのがなんとなくチームとしてわかってきて、それで『水曜どうでしょう』ができあがってきたわけじゃないですか。

嬉野　やっぱり、長くおんなじメンツで続けてきたからね。

藤村　うん。長くおんなじメンツで続けてると、もしかすると倦怠期的危機も起こりそうなもんだけど、基本そういうのもないから。だって方程式がない中で、なんとか４人でやってきたからね。

リスクと表現の幅

藤村　でも番組もそうやって大きくなってくると、会社が口を出してくる。今までは、ほったらかしにしてきたわけですよ。それが今度は会社の責任として、例えば「ＤＶＤにこういう問題があるんじゃないか」とか、「これは映していいのか」とか。

嬉野　あー、ねえ。

藤村　もちろんそれは、「会社の主力商品だから、そこに対して品質を保証しなきゃいけない」っていう良心で、つまりよかれと思ってやってると思う。だけど、根本的なことを彼らはわかってないんだ。僕らはリスクを冒して、冒して、ちょっとずつ冒しながら、表現の幅を広げてきたっていうのもあるわけですよ。例えば鳥取に行った時に、ミスターが最初「シケた街だなー」って言ったじゃないですか。

嬉野　ありました。

藤村　あれって確かに、リスクを冒しているんです。だけどそれは、北海道から鳥取に初めて来た人間が、そこで初めて言った言葉であって、それ以上でもそれ以下でもないわけですよ。でも会社は、「ちょっとそれは……」ってなるわけじゃない？　それで「あのセリフはカットしたほうがいい」「あなたたちのためだから」「『どうでしょう』を守るためだから」って言ってくれるんだけど、違うんだよね。よかれと思って口出しすることが、おれたちの表現の幅を、どんどんどんどん狭めてるんだ。それが多分、わかってないんだと思う。

嬉野　いや、わかってないよ。だから「これからは特別な気持ちで」って言って、ハチマキしてフンドシ締め直してやんなきゃいけないみたいなことに、みんなでしちゃってるのがトンチンカンなことであって。それはあんたが嫌う「イベント性や大きな物語ばかりに目が行って、日常の小さな出来事がおろそかにされている」っていう部分でしょう。すべてがそこに通じるような気がするよ。

藤村　会社が『どうでしょう』を大きなイベントとか、祭りみたいな感じで特別視して、「やっぱり『水曜どうでしょう』だから、ちゃんとやりましょう」とかって言った瞬間に、おれたちのことを殺してるって思っちゃうんだよね。

嬉野　どんどん表現の幅を狭めて、他人と関わり合いにならないようにしながら、それで「人に見せるものを作っていかなきゃいけない」って言ってるのがすごく矛盾してるっていうことに、なかなか気付いてくれないんだな。

クレーマー、何人いる？

藤村　例えば『どうでしょう』でどっか歩いててさ。もうなんにも食ってない、「腹へったなあ」ってなった時に、畑に大根があって「うまそうだなあ」って1本失敬しちゃったと。そしたらおじさんがやってきて、すごく怒られちゃったとするじゃない。そうした時に「すみません！」って謝って謝って、それで許してもらったとしても、「その部分は放送しちゃ駄目だ」っていうことになるんだよね。「おれたちはこんなことすら表現できないの？」って思うんだよ。それは会社もそうだけど、テレビとか社会に対しても。

嬉野　みんながリスクリスクって言って怖がってるけど「実は、言ってるほど怖くはないんじゃないか」っていうところを見せなきゃいけないっていう気は、おれもするよ？　腹がへりすぎてて大根食っちゃった。それが見つかっておじさんに怒られた。確かに窃盗だ。そこであんたが謝って謝って、わけを話して。そのうちおじさんも「そんなに腹がへってたのか」と、「じゃあ、まあいいか、勘弁してやるよ」と。そのあとちょっと雑談しながら、「うちの大根うまかったろ。そうだろ」っていってお互い笑い合うみたいになればだよ？　その一部始終を目撃させればさあ、「リスクとかって言ってたけど、人間って意外とこんなもんだなあ」と。

藤村　多分世間は、「それやったら大根盗む人、たくさん出ますよ」って言うんだけど、大事なのは大根とって怒られて、でも許してもらってっていう、そこをこっちは伝えたいんであってさ。「大根をとる行為自体がもう、テレビとしてはダメなんです」って、そういうふうになっちゃうっていうのがすごい息苦しいことだと思うんだよ。社会全体で自分たちを息苦しくしてる。「クレーマーみたいな人がいるから」つっても、じゃあ何人いるんだと。

嬉野　そうなの。大していないの。だけどこの茶碗の白いご飯の中にね、こんなちっちゃなガラスのかけらが入ってると思うと、怖くて食えないっていうのもあるわけね。こんな一握りのクレーマーのために、社会が気を遣って動いてるみたいなことになっちゃってるから、本当に馬鹿馬鹿しい。……一回ジャリッて食っちゃえばいい（笑）。

藤村　ねえ。死にゃあしねえからさあ。

嬉野　ウエッと思うかもしれないけどさ。それはもう飲み込んで（笑）。

藤村　クレーマーだなんだっていっても別に「いるんだな、そういう人も」くらいにしか思えないし。おれはもうハゲてる人と同じくらいの目線でしか見てないっていうか。「こういう人もいる」っていう……。

嬉野　なに？　ハゲてる人は関係ないでしょ、今。

藤村　いや（笑）、それくらいに別に、特別視するものでもないっていう。
嬉野　ああ、はいはい。
藤村　ハゲの人のほうが多いんじゃないですか？　割合的には。
嬉野　もちろん。
藤村　だったらもうちょっと社会は、ハゲについて悩んでる人のほうが多いんだから、そっちをなんとかしたほうがいいと思うよ？
嬉野　いや、だからといって今ハゲを引き合いに出す必要は……。
藤村　ないですけど（笑）、絶対数としてそっちのほうが多いし、クレーマーは少ないし。
嬉野　大きなお世話でしょうよ。

自分で判断しない人たち

嬉野　だけどなんでクレーマーみたいなのが、ここまで幅を利かせてるかっていうと……。
藤村　いや、おれねえ、クレーマーが来たっていう時に、その窓口の人がまず判断すべきだと思うんですよ。それが重要な問題なのか、本当にどうでもいい問題なのかっていいうのを。そういう判断をするのが、大人だと思うんです。でも今は「来たクレームは全部、とりあえず上にあげて情報を共有して」ってなって、誰も判断っていうものをしていないじゃないですか。……おれ、いまだにエスカレーターでみんな片側に寄るのが、どうしても気持ち悪いんですよ。駅ならわかるけど、デパートでも。

嬉野　デパートでもやってるもんね（笑）。

藤村　やってるじゃないですか。そもそもデパートで急いでる人なんかいないのにだよ。逆に、1列に並んでるから人が溜まっちゃって、デパートの店員が「2列に並んでください」って言ってる時があるくらいなんだけど、でもそれ言われるまでやんないんだ。自分で判断することをもう完全に放棄してる。「後ろから人が来て何か言われたら嫌だから片側に寄っとこう」って……変なところで気を遣いすぎなんだよねえ。

嬉野　結果的に、いつ来るかわからない、どうでもいいようなもののために社会全体が気を遣ってるってことになってるよ。それってつまり、「面倒なものと関わってしまったら、処理するのが大変なことになる」っていう刷り込みをされてるってことだよね。だから変なものと関わり合いにならないように「どこからもクレームの付かない、善いとされていることだけしよう」と。でもそれで社会は息苦しくなって、どうでもいいものがどんどん増長してるって思うんだけど、「だからってもう、考えるのは億劫だ」と。

腹を立ててもしょうがない

藤村　イベント性の話もそうだけど、おれ、「株価」とかさ、いまだにわからないんですよ。「あれ、なんの意味があるんだろう」って。基本ゲームみたいなもので、実際に何も生み出してない、実体のないものだから。でも一方で実直にものを作ってる人もいて……その人たちは実体のあるものを作ってるからね。その人たちの話してることはよくわかるんだ。「ああそうやって作ってるんだ」「そこまで考えてるんだ」って安心もできるし。でも世の中は、誰もコントロールできない景気とかね？　何も生み出さない株価みたいなものに右往左往して、みんなそっちばっかり見てて。なんかそういうのを突き詰めていくと、おれ、最終的には隠居とかになるのかなあって。

嬉野　あー。

藤村　世俗から離れて（笑）。「もうここまでだな」と思ったら。

嬉野　「ここまでだ」っていう瞬間は、もうあるんじゃないの？

藤村　んー……。

嬉野　会社も変わらないでしょ？

藤村　変わらない。会社は、変わらない。

嬉野　だから……世の中も変わらないでしょ？
藤村　変わらない……だけど「まだなんとかできるかな」っていう気持ちはあるから、まあ隠居はしないけどどっていう。
嬉野　おれ自身はね、「多分まあ、とうにここまでだろうな」って思いながら。でもまあ、隠居する気もないよ。
藤村　（笑）。
嬉野　要は、おれらは別に会社で認められてないでしょ。
藤村　まあ……。
嬉野　認められてるのは『水曜どうでしょう』とお金でしょ。
藤村　（爆笑）。
嬉野　作ってる人間のほうは、認められてないと思うよ？「『水曜どうでしょう』だから売れてるんだろ？」って。おれらは関係ない。
藤村　（笑）。
嬉野　そんなところだと思うけどなあ。違うのかなあ。
藤村　まあそこまで言っちゃうと、「そんなことはないよ」っていう反発も出てくるのかもしれないけど。
嬉野　歴史を振り返ってみてね。「ここに問題点があるんじゃないか」「ここをまともにしなきゃいけないよね」っていう時に、それをするのは結局政治じゃなくて、どこにでもいるような市井の人間であって。そういう人たちがきっちりきっちり、それぞれ普通にやるべきことをやって支えてきたんだろうなっていうことでしかないと思うから。今の日本はそれが崩れそうだから、おれは今、そっちが心配。

藤村 普通の営みがっていうことだね。

嬉野 そう。みんなが、8割が、あんたの言うように考えない人であっても、でも2割は考えていたっていう時代だったから、ここまで続いてきてるって気がするからさ。その2割が息苦しさに弱っちゃって倒れちゃったら、もう総崩れだと思うからね。だからね、おれもあんたもいろんな目に遭って腹も立つけども、でも腹を立ててもどうしようもないってことにも思い至るわけでさ。だからほら、『どうでしょう』を作ったり、『どうでしょう』関連で出張に出て、もの作ってる人たちに会って、楽しいじゃない。

藤村 楽しい楽しい。

嬉野 そこに会社の人たちが介入してくる瞬間、とたんに寂しくなるじゃない。ひとつも話は通じないし、何言ってもわかってもらえないし。だから結局そういうことからはもう、多分逃れられないんだろうなと。

実直であり、実体がある

藤村　おれらも最近、会社に行ってないしね（笑）。おれら、すごい出張に出てるじゃない。出張に出て、いろんな町工場の人と話をしたり、そこの人と何かを作ろうとしたりっていうことばっかりやってる。そのほうが楽しい。

嬉野　みんな、真っ当にやってる人ばかりなんだよね。

藤村　いや、本当にやってるんだ。

嬉野　金型作ってる人も真っ当にやってるし、防水のゴムを作ってる人も真っ当にやってるし、他にも真っ当にやってる人は、会ってないだけで、いっぱいいるんだよね。「真っ当なことやってるのって、おれらだけかなあ」なんて思ったけど、もちろんそんなことはない。それでも、出会えた時はうれしいなって思っちゃう。だから、そういうことをおれたちは……やっていくんじゃないの？

藤村　そうだね。ものをちゃんと作ってる人がいるっていう安心感を伝えたい。

嬉野　それしかないと思う。「一生『どうでしょう』します」っていうのもそうだけどさ。

藤村　あの工場の人たちは、日常をちゃんとやってるんだよね。やってないところも多いと思うんですよ？　つぶれる工場も多いっていう話も、たくさん聞いてるから。

嬉野　ねえ。

藤村　その大阪のゴムの会社がね、アップルかなんかから大量の受注があるっていう話になったんだけど、「いや、今そこに投資したら、その後で立ちいかなくなるから」ってやめたっていう、その判断はすごく実体がある話だと思う。そこで1億も2億も掛けて機械を導入したら……。考えてもみれば、アップルっていう会社はいろんな新製品を毎年毎年開発してるから、その部品は1年後、もしかしたら使われなくなるかもしれない。で、社員一人ひとりの顔を見たら、そこは実直な判断をすると思うんだけど。一方で、例えば地デジでアナログテレビが使えなくなる、買い替えで需要があるつっても、買い替えが済んだ次の年は、もう同じように売れないってわかってるのに、そのために設備投資しちゃったりするわけでしょう。「テレビが前年より大幅に売れなくなって大打撃！」なんて、そんなの当たり前じゃん。……実直にやってる人と話をすると、実体のある話ができるからいいよねえ。

嬉野　そのゴム工場でさあ、みんな、おれらにあいさつしてくれたでしょう。事務所に入ったら20人くらいが一斉に立って、なんだか、小学生みたいに元気にあいさつしてくれる。工場入ったら現場のラインの人が、それこそ帽子脱いで「おはようございます！」って言ってくれる。その感じがすごくよかったじゃない。それはあまりにも素朴なことで、近頃見ないことだから、ちょっと教養があると思ってる人なら「やらされてる」って思って軽んじてしまうようなことかもしれないけど……。でもそういうのを目の当たりにして、「あら、なんかいいわ」って、好感持っちゃう自分がいたわけじゃない。信用しちゃうっていう自分がいたわけでしょう。21世紀になろうが何世紀になろうが、やっぱり人間ってこういうのがいちばん響くんだなって、改めて気付く。

藤村　いや、そうなんですよ。あのあいさつでおれは「何か発注するんならあの工場にしよう」って思っちゃった。

嬉野　あんた、言ってたよねえ。

藤村　でもこれが、実際に工場に行かなければ、単なる見積書のコストが高いか安いかで全部決めちゃうと思うんだよね。でも実地に行ったことで、発注しようと思ったわけじゃん？

嬉野　立派に営業してるんだもん。工場全体がさあ。

藤村　それで「ここにしよう」って決めるのは、こっちも全然気持ちいいことだしね。

時代の仕掛人とは

嬉野　だからなんかさぁ……「時代の仕掛人」とか、いらねえもん。

藤村　（爆笑）。
嬉野　「おはようございます！」のほうがよっぽどいい。
藤村　そうだよね。「時代の仕掛人」ね（笑）。いらないよね。
嬉野　そんな、目立つことしなくったって別にいいもの。
藤村　あれイベントだもんね完全に。「今年のトレンドは」みたいな。
嬉野　そこでもやっぱり「イベント」と「日常」の話になるよ。構造として。
藤村　あれが悪くしてるよね、社会をね。日常をないがしろにして。
嬉野　まあでもね、それならそれでもいいよ。
藤村　ああ、そういうのにみんな飽きてるし、わかってきてる。
嬉野　というか飽きるも飽きないも、仕掛けてるっていうんだからしょうがない。聞いてくんないんだもん。
藤村　なるほど、仕掛人もね。
嬉野　仕掛人が仕掛けるっていうならさ、やってもらうしかないよ。こっちはこっちで好きなことをするよ。
藤村　仕掛けるなら仕掛けろよと。そりゃまあそうだね（笑）。
嬉野　こっちは実直にやるだけだよ。
藤村　ＤＶＤがまさにそうだよねえ。

嬉野　あー、売上がいまだに、1位2位とかになってるんでしょう?

藤村　だって実直な製品作ってますもん。

嬉野　それはファンも実直だからね（笑）。世間がDVD買わなくても、買ってるんだから彼らは。

藤村　本当にそうだねえ。

嬉野　だから、会社でも散々嫌な目に遭ってるけどさ、おれらはまだ『どうでしょう』があるから、このテイでいられると思うんだよ。

藤村　まあ、そうだけどねえ。

嬉野　好きなことやれてるから。ほんとに、もっともっとキツい目に遭ってる若い連中とか、いっぱいいるんじゃねえかと思うんだ。

藤村　あー、いるね。

嬉野　そりゃあキツいだろうなあ……って、思う。

藤村　というのもあるからね、「こういういい場所を失っちゃいかん」と思うから、おれなんか抗うんだよね。

旅に出る前に、さらに腹を割って話した

ドラマ『ラジオ』を見て

嬉野　女川の「復幸祭」に、呼ばれて行ったじゃないですか。今年2回目で。それでNHKが『ラジオ』っていう、「女川さいがいFM」をテーマにしたドラマを作ったでしょう(その後、ギャラクシー賞優秀賞を受賞)。女川で実際にブログを書いている「某ちゃん。」っていう女子高生がいて、ガレキをどこも受け入れてくれないっていう時に、「私が本当に受け入れてほしかったのは、ガレキだったのかなあ」ってことをブログに書いたら、すごい反響があって広がって。それでその文章が良かったものだから、反対に炎上しちゃって、その女子高生に対して誹謗中傷もあったわけじゃないですか。

父のお下がりで貰った大切な青いドラムはドラムと呼べる形ではなかった。

漁師の祖父が建てた立派な我が家は今じゃ更地。
祖母の嫁入りの際に持って来た着物は海で若布のように漂う。
来るはずもない山の上に妹の通信簿。
若かりし頃の母の写真から海の匂い。
全部ガレキって言うんだって。
全部ガレキって言われるんだって。
町は被災地と呼ばれた。
ただの高校生が被災者と呼ばれた。
あの子は思い出になった。
上を向いて歩こうと、見上げる空は虚無の青。
頬を伝う涙なんて、とっくの昔に枯れちゃった。
頑張るしかない。渇いた笑いが吹き抜ける。
ガレキの受け入れ反対!!とＴＶで見たんだ妹と。
昨日までの宝物。今日は汚染物と罵られる。
子供を守れ!!受け入れ反対!!国も県も何してる!!
ガレキと暮らす私達。
好きで流されたんじゃないのに…。目から流れた涙は懐かしい海の味。

こんな悲しいモノを見るくらいなら、受け入れなんて最初から言わないで。
そんな簡単な問題じゃないだろと、ガレキの山が私を見下ろす。
私がもし非災県に住んでいて、私にもし子供がいたら同じ事を言っていたのかな。
ガレキの「受け入れ」
「受け入れる」のはガレキだけじゃないんだとふと思う。
私が本当に受け入れて欲しかったモノは
ガレキじゃなかったのかもしれないとふと思う。
少なくとも受け入れて欲しかったそのモノには放射能なんて付いていない、
心の奥にある清らかな優しいモノのはずだった。
そんな事を考えながら、絆の文字が浮かんでは泡のようにハジけた。

（「某ちゃん。」のブログより）

嬉野　その『ラジオ』っていうドラマを女川の試写会で見て、そのあとオンエアの時にも見たんだよ。その時におれさあ、初見では思わなかったことを思って。

藤村　ほう。

嬉野　2回目に見た時、初めておれ、被災した「町の中から」外を見る目線に立った気がしたんだよ。それは初めてのことでね。それまではずうっと外から被災地を、女川なら女川を見てたと思う。だから女川にも行きにくかったし、東北にも行きにくかった。そんな時に「蒲鉾（かまぼこ）本舗高政」の高橋君が「観光気分でいいから来てくれ」って言ってくれたから、のこのこ行くことができた。それで女川との付き合いが1年あり、おれもあんたも女川っていう風景を見慣れてきて。

藤村　最初はもう、「あー……何もないんだ」っていう感じだったけど。

嬉野　あのドラマの中に出てくる登場人物は、大体実在するモデルがいるって、おれらは知ってるじゃないですか。そのモデルになってる連中とも知り合いだし。それもあってか、あのドラマを見てるうちに「ああ今、女川っていう被災した町の中から、その外を見てる目線に立ってるな」って気がしてさ。みんな「絆」って言ってるじゃない。外からの目線だと「一緒に手を取り合って立ち上がろう」っていうのがある。でも内側からすると、結局ガレキも受け入れてくれないっていう壁が見えるわけでしょ。

理解できないという前提

嬉野　あの津波って、映像を見てても怖かったじゃないですか。あの恐ろしさを実際に経験して、助かった人が今生きてる。その人たちって、今の日本で誰も経験したことのない恐怖を体験した人たちなんだよ。昔ベトナム戦争でさ、戦場で戦闘をやって異常な恐怖を体験して。それで戦争が終わって自分の故郷に帰るんだけど、故郷は平和で、のどかで、誰もが陽気で、自分が体験した恐怖も人の持つ恐ろしさも、誰からも理解してもらえないっていうのが社会問題としてあったでしょう。生きて故郷に帰ってきたのに、精神的に追い詰められて疎外されるっていう。同じことかなと思ったの。つまり、理解されないっていう状況。

藤村 確かにおれらは、ドラマにも出てきたあの女川の風景が目に焼き付いていて、今やもう普通に見てる。それであの中に今いると仮定した時に、世間が「絆」って言って盛り上がってるのを聞くと、すごく空虚な気分になるなあ。

嬉野 女川はまったくの更地になっちゃったから、これは女川の人たちだけでは復興できない、そうするとやっぱり税金が必要になるじゃない。そこで政府に働きかけるには、世論が重要になってくる。そのために中にいる人は、「震災を忘れないでほしい」って思うわけでしょう。

藤村 そういう意味ではね。

嬉野 でも、あの溢れかえる黒い水をテレビで見ていて、みんな震災を忘れるわけはない。だけどある種のディスコミュニケーションによって、被災地から気持ちが離れるっていう状態にはなりがちだと思うんだよね。あのドラマで最後「某ちゃん。」が、東京くのにバスに乗って故郷の女川を出ていくじゃないですか。それがね、まったく理解されない、言葉も通じない、違う意識を持った人ばかりが住む外国に出ていくようなことなんだろうなあ……って思ったの。どこまで行っても震災を体験した気持ちは理解されないんだと思った。つまりおんなじ体験をしない限り理解されない。それはどうすることもできないことだと思うんだよ。

藤村　おれらはもともと……これは直感的にだけど、「理解できない」っていう前提であそこに行ったから、あの人たちはすごいいろんな話をしてくれたと思うんだよね。

嬉野　うん。

藤村　震災から1年間、現地に行かなかったから。東北にもファンはいっぱいいるけど、「今は行けない」っていう気持ちがすごくあった。でも1年経って「高政」の高橋君が来た時に、「おれたちは被災した君たちの気持ちになれない」っていう前提をまず言ったから、逆に今、すごいわかるよね？　世間で「絆」「がんばろう東北」って言ってるのが、別世界のことのような。だけど自分たちだけではなんともならないから、世間をなんとかしなきゃいけないっていう、そのジレンマ。

嬉野　その震災に遭った時の恐ろしさっていうものは、多分理解し合えない、それは永久にそうだと思うよ。だから、そこからお互い始めなきゃいけないって気がする。この日本っていうちっちゃな島国の中に、全然違う意識を持った共同体が、震災のあとに、ぼこっとできたっていうくらい、極端に考えてもいい気がする。

藤村 そうだね。

嬉野 その中で、まったく言葉の通じ合わない人間同士が、じゃあどうやってコミュニケーションを取ろうかっていう時に、探り探りしながらっていうのを、これからお互いやらなきゃいけないんじゃないかと。

藤村 「絆」っていう言葉は第一段階というか、単なる入り口だからね。わかり合うための。

理解しなきゃという義務感

嬉野 一方でね、被災の外側にいた人も傷付いたんだと思うよ。だってあんな、1日で何万人も人が死ぬなんてことは、これまでは、ありえないことだったでしょ。桁が違いすぎるじゃない。津波で町がまったくなくなったなんて、聞いただけでもさあ……。それだけでも傷付き方っていうのは半端じゃなかったろうって思うよ。だけど外部のわれわれがそれで傷付いたっていうのは、本当に津波から逃げて、肉親を亡くしたっていうような人に比べたらちっちゃ過ぎるから、「傷付きました」って、とてもじゃないけど言えないじゃないですか。それは多分飲み込んだんだと思う。飲み込んで、「なんとかしてあげなきゃいけない」って思って、理解できないのに理解しなきゃいけないっていう。

藤村　ああ、「理解しなきゃ」っていうね？

嬉野　「他人事って言っちゃいけない」みたいな。でもそれは実現できない願望だから、どっかで壁に突き当たって、今度はストレスになって、いつか反発に転じるっていう。だから、わからないところは見ないようにしたくなるっていうのもあるだろうって思う。

藤村　3月11日を振り返って、追悼したりとか、そういうニュースや番組もあるわけじゃないですか。あれもう震災から2年目にして、「見たくない」っていう人も多いもんね。日本全体で。

嬉野　それは多分、放送してるほうに、止むに止まれぬ気持ちが……1年前はあったかもしれないけど。じゃあ今はっていうと、どうなんだろう。もしないのにやってるんだったら、みんな見たくないよねえ。

藤村　そうそう、ないんですよ。それもイベントなんですよ。「3月11日だからやんなきゃいけないでしょ」っていうことに、すでになっちゃってるんだ。

嬉野　そうだよね。そこから、おれらのことも考えられると思うんだ。HTBって、北海道のローカル局じゃないですか。ローカルの局でバラエティ番組を作ってだよ？　キー局と並べてみても遜色がないレベルまで行っちゃったっていうようなことは、経験としてあんまりないと思うんですよ。だったら会社の人に理解されないよね。

藤村（笑）。

嬉野 おれ、永久に理解されないと思うよ。そういうことだと思うんだ。

藤村 津波と一緒でね。

嬉野 津波と一緒にしちゃってるけどね。でもそうだと思うんだ。経験してないことはわからないんだよ。

「観光気分で来てください」

藤村 そもそも女川になんで行ったかっていうのは……あの3月11日は、うちの長女が関西の大学に進学するんで、おれもそっちにいて引越しの手伝いをしてたんだよね。そこで東北で震災が起こったっていう時に、じゃあ、とりあえず何やるかっていうと、何もできない。「それよりも長女のことだ」と、基本的にそういう考え方があって。でもすぐ、1週間後とか10日後とかに、どんどん現地に行く人もいたわけじゃないですか。でもおれはそこに行けない、その部分におれの役割はないと思ったわけですよ。それから1年経つか経たないかのうちに、女川でかまぼこ屋をやってる高橋君っていうのがやって来た。かまぼこ持ってきて「女川にこういうおいしいものがあるんです」と。

嬉野　うちの番組のファンだったんだよね。

藤村　大ファンで。なんか彼の工場の前がちょうど少し高台になっていて、津波の時にみんな車でそこに避難して来たと。それで、もちろんすぐに水は引かない、もう今晩はここに泊まるしかないってなった時に、従業員に向かって「ここをキャンプ地とする！」って言ったら、その場がなごんだって言うんだね。それを聞いておれは、「彼は番組のファンで、おれらの言いたいことをわかってくれるだろうし、クレームも付けないだろう」（笑）、「だったら本音で話そう」と。それで「おれはもともと行くつもりもなかった」「おれは他人事だと思ってるから、そこまでの悲しみも実際はわからん。それでもいいか？」って言ったら「それでいいんです！」と。

嬉野　彼が「観光気分で来てください」って言ったのは大きかったよ。

藤村　そう。「とりあえず、物見遊山でもいいから見に来てください」と。

嬉野　「今、人に来てほしい」って言ってたもんね。

藤村　だから行った。それが「復幸祭」っていう……「復幸祭」っていうのも、いわゆる復興のあれじゃなくて、「幸せ」っていう字を書いて。で「祭り」っていう名前を付けちゃった。震災後1年経ってね。それに対してもやっぱり「祭りをするっていうのはどういうことだ」っていう、「それは不謹慎じゃないのか」っていう話も。

嬉野　地元にね。

藤村　地元でもあったし、世間にもあったし。だけど、「おれたちはこうやって祭りをやって、人に来てもらわないと、復興できないんだ」と。それで行って、たらふく食わせてもらって。かまぼこもうまいのあるし、鮨もうまいのあるし、酒もうまいし。……マスコミの中で、なんの取材もなく、ただ女川の人に飲み食いさせてもらって帰ったのって、おれらだけだよねえ。

嬉野　あんだけノコノコ被災地に行ったマスコミはいないと思う。お土産もらって帰ってきたもん（笑）。

藤村　写真1枚すら撮らなかったからね。最初女川の町を見た時は「あああーっ！　本当に町ってなくなるんだ！」っていうのと同時に、「あ、町って実はすごくちっちゃいんだ」とも思った。それで飲んで食って女川の人たちと話をして。その時に本音の本音で言ったのが、「こんなにちっちゃいんだから、復興できると思う」って。でもそれは、普通の人だったら言えないと思うんだよね（笑）。

嬉野　ね。

藤村　それはおれ、ほんとにその時の気持ちで言っただけ。さっきあんたが言ったみたいな、疎外されてる、誰にもわかってもらえないっていう気持ちもわかるのよ。実際、女川の復興はまだまだだよ。まだまだだけど、おれは直感的にそう思ったっていうだけで。そういうことをズケズケ言うっていうのも、これは大事なことなんだろうなと。そこで「大変でしょう」とか「ご愁傷様です」っていうのは、もう聞き飽きちゃってるだろうし。

嬉野　状況も気持ちもわからないままに言っても、届かないんだよね。

藤村　だからそこで簡単に「お気持ちはわかります！」なんて、絶対言えない。

誰のための報道か

藤村　それでさあ、「マスコミって……」って思ったことがあって。いまだに3月11日の記事を作るために、両親を亡くした女の子とか探し出して、その子をお墓の前に立たせて合掌する写真を撮るとかっていうの、「そんなこと、ほんとにやってんのかなあ？」って、同じマスコミ人として思ってたんだけど。でも女川の人に聞いたら、「やってる」っていうんだよね。なんかもう……腹立たしいでもないよね、あきれたでもない、悲しい……でもないなあ、「そんな程度なんだ」って思ったよね。大手新聞も大手テレビも。

嬉野　そういう話は聞いたね。

藤村　で、「とにかく写真だけ撮らせてくれ」と。

嬉野　「記事は他紙のを見て書きますから」って。それもすごい話だ。

藤村　それはほんとに、彼らが経験したことだからね。津波を経験した彼らが、その後さらに。……そしたらもう、彼らは、おれらが知らないことを、またさらに知っちゃったろうね。「そんなことなんだ」って。
嬉野　そんなことでやってるんだもんね。
藤村　やってんだもん、ほんとに。なんかもう……。
嬉野　震災の記事も、誰かに気を遣って、やってるわけでしょう？「3月11日なのに新聞は特集もしないのか」みたいな、いるかいないかもわからない人に、気を遣ってるわけでしょう。
藤村　それは津波に遭った人たちに向けた新聞ではないんですよ。やっぱり彼らを、日常に戻してあげるっていうのが、3月11日にとっては必要なんだろうなと。忘れないんだもんね、絶対に。彼らは忘れろったって忘れられないんだから。で、彼ら以外の人が忘れちゃうのは、それはもうしょうがないと思うんだよ。

同じ目線に立つには

嬉野　津波を受けちゃった地域と、まだ受けてない地域の、共通の目線っていうのを見付けられればなあって、ずっと思ってるよ。日本はほんと地震が多いんだから。大きな地震がまた来るとも言われてるんでしょ。そういう巨大な自然災害に見舞われる、活動期に来てるっていう認識に立てばだよ？　そこから守るために、町はどうするか、人はどうするかと。そうすると津波を経験したってことは、とても貴重な体験で。津波に襲われる危険性のある所には対策を講じるっていうことを、実際にやったり考えたりすれば同じ目線に立てるから、同じ方角に向かって歩けるような気はする。

藤村　それで思ったのが、「自分の仕事をしよう」と。例えば何かの対策をしようと思ったら、建設会社の人は津波に対しての研究をする、じゃあおれらは何をするかっていうと、建物を建てられるわけじゃないし、何ができるわけじゃない。でも津波に遭ったっていう時に、「人間としてどういう対処をすればいいのかな」とか、そういうことをおれらはやるべきなんだろうなと。

「高政」の高橋君がやったみたいに、ちょっとみんなをなごませるとか、それぞれがそれぞれの仕事をちゃんとやる。悲しみに暮れてるだけじゃなくって。そういう仕事人っていうかさ、職人っていうのが集まって、それぞれの役割を具体的に果たすっていうことが重要で、それが共通の目線だと思うんだよね。「悲しいですよね、私も泣きました」とかっていうんじゃなくって。

嬉野　われわれでいうと、それは例えば『どうでしょう』を作ることであったり。

藤村　『どうでしょう』を作るのもそうだし、また違う方法もあるなっていうのは、なんとなく。でも根本的には、彼らが『どうでしょう』を、すごく見てくれていた。その信頼関係があるから。こっちも言いたいことを言えるし、向こうも聞いてくれるっていうのがあるからね。そういう意味では『どうでしょう』っていうものがひとつの、同じ共通目線でもあったんだね。

『どうでしょう』のタイミング

藤村　だからと言って今度の新作は、そういう背景があるから今やろう、っていうことでも別にないんだよね。

嬉野　スケジュールの問題でもない。

藤村　ないね。今はそれぐらいの気分になったたっていうだけで。まあ、「そろそろだよなあ」っていうのは去年ぐらいからずっと思ってたから。最終的に時期を決めたのは、スケジュールだけど、そもそもがスケジュールありきではない。

嬉野　おれは「いつなんだろうな……」っていう感じだし（笑）。

藤村　こっちが言えば「やりますよ」っていうくらいの。

嬉野　おれは別に、毎週やってもいいくらいの感じでいるけどね？　ただ実際それやったら、編集の締め切りが毎週あってキツいから（笑）。

藤村　キツいでしょう？

嬉野　年齢的に勘弁してほしいっていうのはある。

藤村　だから新作をいつやるかっていうことに関して、あまり意味はない……そこに意味付けすることも嫌なんですよ。

嬉野　そうかそうか、それはなんか、「逃げ」になるんですか。

藤村　あー、そうですねえ。

嬉野　言い訳になっちゃう。

藤村　だってねえ、例えば「3月11日に震災がありました、じゃあ3年目のこの日から新作をやります」って言ったら、この時点でおれはもう、自分の中で嫌悪感すら覚える。それは日常を壊してるもんね？　おれたちの日常を。それでおまえは何を訴えようとしてるんだと。だから理由はない。意味は、「なんであの時にやったんだろうな」っていうのは、後でわかるものでしかないから、先に考えはしない。

嬉野　つまり、誰かの理由ではやれないと。自分の中の理由でしかやれない。

藤村　そう、それは記念日ではないわけですよ。

脱糞

藤村　誕生日だからいいメシを食うとかじゃなくて、いいメシを食いたいからいいメシを食うっていう。

嬉野　脱糞したいからトイレに入るみたいな（笑）。

藤村　そうそうそうそう、そういうこと、そういうことです（笑）。「何時からトイレに入らなきゃいけないから」って決められると、もう、気持ち悪いっていう。

嬉野　ものづくりってそうだと思うんだ。「したい！」「出したい！」っていう。「何かをやらなきゃいけない」、じゃない。ごはんも食べてないのにね、「ここで今うんこをしなきゃいけない、できるだけ大きなものを出さなきゃいけない」ってなってもね。

藤村　でもそれを会社から求められてるわけじゃないですか。「じゃあ今、たくさんメシ食えよ」と、彼らは言うわけじゃないですか。

嬉野　それもキツいわけですよ。そんな腹へってるわけじゃないんだから。

藤村　で、メシ食って、「ほら、出るか?」……そんなの出ないわけですよ。

嬉野　そんなの、見られたら出ないってのはある（笑）。

藤村　「さっきは『何も食ってないから脱糞できない』って言ったからメシ食わしたのに、それでもできないっていうのは筋が通ってないでしょう！」っていう話になるじゃないですか。でもそれは体の生理だからね（笑）、「出ないものは出ないんですよ」っていうところなんですよね。

嬉野　自分の生理に正直にっていう。その時機を待ってるんだから。……待ってるっていうか自然にもよおすもんだから。

藤村　急に「来る」からね。黙ってても来るから待てと（笑）。やいのやいの言うなと。

「そしたら、いちばんきれいな形で出るから」ってことでしょ（笑）。

嬉野　それはもう、おれたち自身もびっくりするようなのが（笑）。

藤村　「よーし！」っていうのが（笑）。

嬉野　そうなったら人にも見せたくなるわけですよ。

藤村　（爆笑）。

嬉野　「ほら、こんなでかいの、見たことないでしょう?」ってことになるわけですよ。

藤村　単純にそういうことですよね。

嬉野　なんの無理もない。

藤村　お互いハッピーだよねえ。「今だ！」っていう時はすごいの出すからねえ。

嬉野　それはもう至福ですよ。

藤村　「フ――……」っって、しばらくトイレから出てこない。

嬉野　それは満足してるから（笑）。

さらに脱糞

藤村　そうやって出したい時に出せばいいんだけど、「それじゃ世界は回らない」と言うわけですよ。「だって納期がありますから」と。でも脱糞するのに納期はないわけでしょう? あ、便秘はありますよ。それでやっぱり10日とか出ないと、それは社会も困りますけど。

嬉野　きちんと生活してたら出ますよ。

藤村　そうなんですよ。きちんと生活してれば出るんですよ。ということは、きちんと生活することが大事。毎日朝昼晩食べて、運動して、夜は寝るっていう、普通に健全な生活をすることじゃないですか。でも、納期に間に合わせるためにみんな普通の生活を犠牲にして、無理やり脱糞し続けてる。絶対きれいなやつは出ませんよ。

嬉野　あんたも前から言ってるじゃないですか。「テレビもたまに休めばいい」って。脱糞できなければ休めばいいじゃないかっていうことでしょ。

藤村　そういうことです。

嬉野　それで見てるほうも「あー、なんか出ないんだな」と思えばどっか行くでしょう、家族で旅行とか。それでいいじゃないですか。

藤村　やっぱり安心なんだろうね、納期を作るっていうことは。だって気分に任せたら嬉野さんも、1時間後に出すかもしれないし、5時間後に出すかもしれないっていう状態ですよ。そこでおれが、あなたの脱糞を待つ人間だとするじゃないですか。

嬉野　そりゃあ嫌でしょう。こっちも嫌ですよ。

藤村　嫌でしょう？（笑）

嬉野　あんたも家族の卒業式とか運動会とかあるし。

藤村　あなたが出さないと、おれ、行けないんですから。……と思うと「これは先生、期日を設けましょう。1日1回、朝でどうですか」と。

嬉野　言われるのかい？

藤村　言われるわけですよ（笑）。そしたらあなたは渋々、「じゃあそれなら……」と、つい承諾しちゃうわけじゃないですか。ここでシステムができあがっちゃうわけですよ。そしたら今度こっちの立場が上になっちゃうから、「先生、今朝出てませんよね？　昼までになんとか」ってなると、いい作品は絶対出ないじゃないですか（笑）。

嬉野　苦しいよねえ。トイレに行くのがいやになっちゃうもん。

藤村　仕事したくなくなっちゃうもんねえ。

嬉野　そういう簡単な話なんだけどねえ。どうにもこうにもわかってくんないんだ。そしたら「無理くり出すのが仕事だろう？」っていうのが横行するんでしょ。

藤村　そうそう。「だって嬉野さん、脱糞のプロでしょ?」っていう話になってくるわけですよ（笑）。

嬉野　それで死に物狂いで出して、なんなら血便混じりのものになって。「……これを見ろ!!」とかって言うわけでしょ。

藤村　なっちゃってもう。

嬉野　そしたら「いや、血便はまずいんじゃないですかね……」ってなるじゃない。

藤村　リコールですよ。製品回収ですよ。血便出しちゃったらもう。無理矢理やるとリコールは起きちゃうんですよ。

嬉野　「でも嬉野さん、仕事ってほら、楽しいものじゃないから」って言いつのる人もいるじゃないですか。

藤村　違うんですよ、気持ちいいことなんですよ。仕事って。

嬉野　そうだよ。脱糞しなかったら死んじゃうよ?（笑）

藤村　そうそう! うんこっていうか、仕事しなかったら死んじゃう。だからさ、そんなに急ぐ必要もないし、急がせる必要もないんだ。お互いに。

嬉野　われわれはもう、脱糞したい時にする。

藤村　待っててくれと。その代わりに、すごいのをするからと（笑）。

嬉野　17年間それでやってきましたからね? 死ぬまでそれでいく。

藤村　そうです。毎朝出た時もありましたけれど、ちょっと便秘気味になる時もありますよそれは（笑）。

嬉野　「今はいいか」って放っといたら、突然来ますから。

藤村　大泉だってブンブンという、劣悪な状況下で脱糞したんだから（笑）。……まあうちの会社は、そこまで出せ出せ言ってくるわけでもないんだけどね。「新作をいつやるか」っていう部分に対しては、もはやアンタッチャブルみたいなところもありますから。

嬉野　その代わり他でいろいろ言ってくるわけだ。

テレビの表現を守りたい

嬉野　あんたはその、テレビの将来かなんかのことは、考えたりするのかい？

藤村　うーん……将来はわからないわけですよ。基本は。でもいい方向には向けたいっていうか。なんか今、違う方向に行ってるとは思うんですよ。それを戻したいというか。将来に対する設計図とかはないし……「テレビの将来はこうなります」みたいなこと言う人は、実体がないことを言ってると思うよ？　それこそ時代の仕掛人でしょう。

嬉野　前にあんた、「人柱になる」っつってたっけか。「それが自分たちの世代が死ぬ前にやらなきゃいけない仕事のような気がする」って。

藤村　なんかこう、おかしな方向に行ったらね、それを止めるために犠牲になるってていうか。おれらはいい時代を過ごしてきたんですよ、案外。だったらその分、最後はこう、磔（はりつけ）にされてもいいだろうと。もう50手前で、テレビの世界で、管理職にもならず番組を作り続けているわけだから。最終的にやるんだったら、会社を守るんじゃなくて、テレビの表現を守るっていう方向に行かなきゃいけないだろうなっていうか。『どうでしょう』はもちろんやるんだけど、それだけではなくて。せっかくテレビの仕事をして、今気付いたことがあるんであれば、それをやればいいかなって。

嬉野　『どうでしょう』をやり続ける中にも、当然そういう局面に遭遇する時が来るだろうしね。

藤村　それはまだまだ先のことかもしれないし、でもすぐ次のことかもしれないし。われわれ自身は、何も変わらないんですよ。変わりたいとも思ってないし、変わるっていうことは無理があるってわかってるし。例えば学者さんに『どうでしょう』のことを分析されたとして、そこに研究者なりのアプローチの仕方を見て、なるほどと思う、理解できる。でもそこで「じゃあ次はそれを活かして、こうしよう」「こう変えよう」なんていう気持ちは、さらさらない。

嬉野　自分たちが何をやってきたんだろうかということは垣間見えるから、それはもちろん興味深いけどね。

『どうでしょう』の無意識

藤村　おれたちは学者に意見を仰いでるのではなくて、自分たちが無意識でやっていることを言語化して説明してほしい、そういう欲求はとてもある。

嬉野　多量の無意識が、うちの番組の中に横溢（おういつ）しているっていう自覚はある。

藤村「あんなの、呑みながら見ればいいじゃん」「そんな考えて見るもんじゃないよ」っていう人もたくさんいる。それはもちろんそれでいいんだ。でもそこで、「なぜおれは、これを何回も見てしまうんだろう」「なんでだろう」って考えてしまう人もいる。

嬉野　そこを考えさせてしまう部分が、『どうでしょう』にあるんだろうね。学者はそうだと思うんだよね。

藤村　結局それは、日常っていうものを常におれたちは追い求めてるから、そこにいろんなものが隠されてるっていうことじゃないかと。イベント性でやってると、そういう引っ掛かりは1つか2つしか含まれないんだと思うね。

嬉野　間違いなく『どうでしょう』は、そんな単純なものではないはずなんだよ。

藤村　その「なんでだろう」っていうのは、自分もいろんなことに対してすごく考える。

だけど自分のやってるものについては、考えないんだよね。「自分のやってる『どうでしょう』っていうものに、なぜみんながこんなに」っていうのは、逆にそれは考えないほうがいいと思ってる。

嬉野 『どうでしょう』に関してあんたは、面白くしてる当事者だから、「ここに何があるんだろう」なんて考えるわけないんだよね。おれは、見つめる視線としてずっといるから、考えてる。「なんでだろう?」って思いながら。

藤村 おれはそれより「パズドラはなぜ面白いんだろう」とか（笑）。ただ、人が『どうでしょう』をどう見て、どう考えてるかっていうのを聞くのは、すごく興味がある。

嬉野 もはや娯楽とか教養とか教育とか、そういうこれまでの区分け自体が形骸化してるっていうか、これまでの枠組で考えてもしょうがない。だからそこを一回チャラにすると、娯楽の中に人間の本質があるっていうことも見えてくるんじゃないかと思うんだよね。

藤村 あんたが言ったみたいに、『どうでしょう』には無意識の部分があるから、後で見返した時に、いろいろ面白いものが見えてくる。だっておれら、何回も『どうでしょう』見てるけど、それでまた2年3年経ってから見たら、またちょっと違うところに目が行ったりするでしょう。「あれ? このセリフいいよね」とか、改めて思ったり。

嬉野 「わりと面白いことやってたんだ」とかって思うね（笑）。やっぱり、そこで為されているコミュニケーションは、おれも見ていて非常に気持ちのいいものだし。

藤村　無理がないからね。だからやっぱり気持ちのいいものでしかなくて。それは前回の本では「温泉」って言ってたけど、今回は「脱糞」だね（笑）。じゃあ今度の表紙は、先生がトイレで。

嬉野　何がだよ。

藤村　でも表紙、トイレの入り口かなんかにはなるんじゃないですか？（編集部注・単行本時のカバーには洋式トイレのイラストが描かれた）

嬉野　「入ってます」的な（笑）。

藤村　「今出してます」って（笑）。

旅に出る前に、
まだまだ腹を割って話した

パズドラにハマる

藤村　パズドラは……おれ今、パズドラをすごいやってるじゃないですか。もう電車乗ると、ずっとやってるじゃないですか。これも別に意味はないんですよ。今の日常としては、おれはパズドラをやりたいというだけで。

嬉野　嬉々としてやってるよね？

藤村　嬉々として、すげえやってるんだけど。それこそ会社でちょっと腹が立っちゃったりした時なんかには、やる。意識を離れさせたいっていうのか……。娯楽ってそうじゃないですか。なんか嫌なことがあった時に、「じゃあ酒呑もう」とか「ちょっと面白い映画観よう」とか。そういうのと同じようなもので。

嬉野　気分転換的に。

藤村　そう。だけど気分転換っていうものにしても、このパズドラは奥深いんで、単なる気分転換に留まらないで、「なぜこれが面白いのか」を考え続けるっていう行為に行くんですよ。「バッティングセンターに行って、スカッとしたなあ」とか「ボウリングをして楽しいなあ」とかじゃなくてね。でもボウリングも、多分ピンの倒し方とか、カーブの掛け方とか、あるじゃないですか。だからああなると、単なる気晴らしではない。今のパズドラもそういう感じで。

嬉野　何かあるとやってますよね。電車乗ってもやってるし……パズドラやるために座ってるでしょう。

藤村　……よくわかりますね（笑）。

嬉野　わかりますよ。

藤村　立ってるとやりにくいんで。

嬉野　そうでしょう。「何がそんなに楽しいんだろう」って、横で見てますけどね。今日の話も、パズドラから入ろうかぐらいに思ってたんですよ？　ある時期までは。それがあんたが、ずいぶん入り込んじゃったもんだから……。

藤村　そうだよねえ（笑）。

嬉野　社会性やなんかとどっかでつなげることも、もうできねえやと思って。

藤村　最初はあったんですよ？　パズドラに絡めて語ることがいろいろと。でも今、さらにハマってるのはなぜかなあと。そこはまだ整理できてないんですよ。

嬉野　それを言うためには、パズドラのシステムから何から説明するところから始めないとダメなんですよ、もはやあんたは。

パズドラがおれをハメている

嬉野　すごいよねえ……もう「一生パズドラします」みたいな。

藤村　いや、一生はないですよ。

嬉野　そうなの？

藤村　一生はしないですよ。ないですないです。

嬉野　パズドラをやりながら死ぬみたいなのは。

藤村　ないよ。

嬉野　あー。

藤村　だから、これをどう考えるかですよ。

嬉野　「こんなにハマってる自分」、ということかい？

藤村　んー。自分ではないね。

嬉野　この自分を「ハメてる」……。

藤村　「ハメてる、パズドラ」って一体なんなんだっていうほうですよね。そこを考えてるんですよ。常に。だけどそれと同時に、それを忘れさせるくらいのパズルの面白さっていうのも、確かにあるわけですよ（笑）。

嬉野　忘れちゃうわけでしょう。

藤村　忘れちゃうわけ（笑）。今そこの段階なんで。

嬉野　「こんなにおれをハマらせるパズドラはなんなのか」っていうのも、もう言い訳でしょ？　やるための。

藤村　ん――。

嬉野　あんたもう、入り込んじゃって、楽しんじゃってるからね（笑）。当事者になったら考えられなくなるって言ってるでしょう、『どうでしょう』でもなんでも。

藤村　そうなんだよ。当事者になっちゃってんだよ。今やもう、パズドラの会社に行って、商品開発したいくらいですよ。

嬉野　（笑）。もはやね。

藤村　もはや。でも、「楽しい」でもないんですよ……そんなのともちょっと違う。

嬉野　無心になれるんでしょう？

藤村　そうですそうです。

課金させてください！

藤村　でも無心になりつつ、「いかんな」とも思うわけですよ。電車乗ってる時に、「いくらなんでも、やりすぎじゃないか」と思うわけですよ。「嬉野さんが横にいるのに、おれはパズドラしてどうなんだ」っていう気持ちは、ある。

嬉野　……あるよねえ。

藤村　そうなった時に「じゃあなぜ、おれは嬉野さんがいるのにパズドラをしようとしたのかな？」という意識になるんですけどね。だけどやっぱり、パズドラのほうが気になるからやっちゃうみたいな（笑）。今はそういう……端境期っていうか。そうだね、最初の頃とは確かに、あなたがおっしゃるように、違う領域に来てます。

嬉野　そうでしょう？　だからおれは、もう無理だなと。

藤村　そっちの世界に行っちゃってるから。「なんでわかんないの？」っていう感じだもんね。けんか腰になっちゃうからね（笑）。

嬉野　おれはもうあんたが、そんなに熱中してやってるから、腰が引けてるわけですよ。パズドラを否定してるわけじゃないよ？「こんなにやってていいのかね」と思う必要もない、ってなところまで来てるんだけどさあ。

藤村　あなたが今からパズドラやり始めてもねえ？　おれに自慢げに「先生、それじゃダメですよ」って言われるのが、もう見えちゃってるしね（笑）。

嬉野　明らかに差がある。

藤村　課金なんかもう、全然してるからねこっちは。

嬉野　前はしてなかったんだけどね。「課金はしないんだ」って言ってたから、なるほどそうなんですかと。

藤村　全然、課金しなきゃダメ。だって課金しなきゃダメでしょう。こんだけやらせてもらってさあ。

嬉野　そうだね。出し物に金を払わないってことはないよ。

藤村　彼らはちゃんと考えてるから。「課金しなくてもいいですよ？」「それでも十分楽しめますよ？」って言ってるんですよパズドラは。でも……「課金させてください！」ってておれは言っちゃったんだ（笑）。「喜んで！」って言っちゃったんだもんおれは。それは学ぶべきところは多いですよ。だって、GoogleとかYouTubeとかでもね、あれだけのものをタダで使えちゃうっていうことに対しては、非常に違和感がある。それじゃいかんのじゃないかと思うんだよ。

嬉野　そうだね、違和感は非常にあるね。

藤村　作ってる側はいいとしても、受け手がそこに慣れちゃうっていうのは、絶対に良くない、なんもプラスにならないんじゃないの？っていう。

お茶代を徴収する新サイト

藤村 おれらもね？　課金しようかと思ってるからね（笑）。
嬉野 そうそう、サイトを作って。
藤村 やろうと思ってるからね。
嬉野 前は「浄財」とかって言ってたけど？
藤村 今は「お茶代」って考えてる。
嬉野 ……お茶代（笑）。
藤村 会社で月に千円、お茶代って取られてるじゃん？
嬉野 徴収されてるね。
藤村 だったらサイトを見にくるみんなから、「お茶代」300円ずつとか徴収すればいいんじゃね？と思って。で、それこそ茶飲み話でもちょっとするみたいな。『どうでしょう』のサイトは、もちろん誰でも見られるっていうことでやってるんだけど、今は逆に、世間的には「無料」って謳わないと誰も来てくれないっていう空気になりすぎちゃった感があって。だからそこをまたちょっとなんとかしたいと思って課金……「課金」っていう言葉がいけないんだよね、なんか悪いことしてるみたいな印象が植え付けられちゃってさ。だから「お茶代徴収」っていう感じでやりたいなと（笑）。それはもう、会社を離れたところで。

嬉野　会社のために何かやるっていう気はあんまりないですよね。

藤村　もう十分やってますから（笑）。有志による、いわゆる「サポート会員」みたいなのも一時考えたこともあるんだけど、結局実現しなかったのは、やっぱりちょっと違うなあと思ったんだよね。例えば今だったらファンドを組んで、ファンの人に向けて「次のロケに行くためのお金を出してください」つったら、もう簡単に結構な金額が集まっちゃうと思うんだけど、そんなことを今やる必要性はあんまり感じない。それよりは「お茶代」で、「茶飲み話」で。だって喫茶店でもなんでもないところで、ちょっと集まって話でもしようっていった時に、烏龍茶でも買ってくるわけじゃないですか。あられのひとつも買ってくるわけじゃないですか。そんなもんでいいんだと。

嬉野　「お茶代」を持ってくれれば「茶飲み話」ができると。金に見合うかどうかは

藤村　そうそう。じゃあ本当にトークをするかっていうと、そういうわけじゃないんだ

けど。

嬉野　金に見合うことをやるっていう保証はないんじゃない？（笑）

藤村　金に見合うことをやるかやらないかわからないっていうことが、すごく大事なような気がするんですよ。

嬉野　もらった金に対して、責任を負わなきゃいけないっていうことから逃れたいっていうところの。

藤村　逆に……あれだよね、「たった300円だろ⁉」って言いたいところもあって（笑）。

嬉野　なんか特定できないようなことをやりたい。「何やってるんですか？」って言われた時に「わかんない」って言うようなことを（笑）。

藤村　そう。例えばメルマガならメルマガって言っちゃうと、月1回なり週1回なりの配信ってなって、それに対してお金のやりとりをするっていうことになるけど、そういう関係にはなりたくない。

嬉野　なりたくないよねえ。金払うほうが上だっていうのは。

藤村　やだよねえ（笑）。「お茶代出せ」ぐらいの気持ちでいきたいね。

嬉野　例えばさ、お金払ったんだから何か見せろっていうんじゃなくてね、ステージの上の演者がなんにもしなくて、それを客席が「え？　何？」って、じっと見てるっていう、そんな感じの……よくわかんないけど。

藤村　うんうん（笑）。

嬉野　はっきりした関係性っていうものを、前提としてないっていうか。

藤村　なんならおれも……「お茶代」を徴収するだけの人であってもいい（笑）。

嬉野　なんならある日、突然、お茶を送ってもいい。

藤村　（爆笑）。本当にね。

嬉野　「最近更新してないなぁ……」と思ったら。

藤村　のし付けたお茶が届いて（笑）。

嬉野　受け取ったほうも意味がわからず、謎が謎を呼ぶというような。

藤村　そうだね（笑）。

緊張感の中で関係を深め合う

嬉野　そういうふうに、こっちと向こうの関係性をかき回していきたいっていうことなんだよね。ステージと客席が曖昧な場所を作りたい。

藤村　それはやっぱり、『どうでしょう』をずっとやり続けてる中で、客に「信用できるやつらだな」っていうのがたくさんいたっていう事実が大きいんですよ。こういう時に、「それ課金サイトですよねえ」、「そうなんだけど、おれ単なる徴収係だから」って言っても、「あ、そうなんすか」って言ってくれそうな人が結構いるなって思うから。でも徴収したらやっぱりお茶は出さなきゃいけないから。

嬉野　で、察してくれる人が……。

藤村　そう、察してくれる人がいい（笑）。

嬉野　コミュニケーションがあるんだかないんだかわからない。沈黙の中に意味をお互い見出すというか、謎掛けのし合いというか、そういうよくわからない関係の中で、その関係を深め合う、それに付き合ってくれる人と始めるっていう話だからね。

藤村　それで本当にお茶が届く場合もある。「あ、今まで課金した分はこれになったんだ」みたいな（笑）。

嬉野　それもすごい粗悪なお茶で（笑）。全然出やしねえ。

藤村　だけど察してくれと。

嬉野　ある年は年賀状1枚で終わるかもしれない。

藤村　（爆笑）。

嬉野　読んでみると「今年もよろしくお願いします」ってだけ書いてある。そういう厚かましい課金サイト（笑）。何が来るかはわからない、でも何かのアクションはあるんだよね。そういう睨（にら）み合いみたいな。

藤村　いいよねえ。他にはない緊張感が生まれる。「今月も課金しようかな……どうしようかな……」って思うよね。

嬉野　そういう迷ってる人には、すごい長文メールを送って説得するっていう（笑）。

藤村　「待て」と（笑）。

嬉野　長い長いメールを……。そんなの書くんだったらブログ書けって話だよ（笑）。何がしたいんだかわからない。そうするともう、お互い同士しか面白くない。

藤村　そうだね。

嬉野　そこに持っていきたい（笑）。なんなら「何が面白いんですか？」って言われた時に、本人もわからないくらいの。

藤村　「でも離れられない」っていうね。

強気！

藤村　それははたから見たら、気になるんですよ。

嬉野　強気なのか弱気なのか、わからない連中（笑）。突然Tシャツ作って、全員に3500円で売り付けるとか。

藤村　「えっ買うんすか？　いやいや、会費払ってますよね？」「いえ、あれはお茶代だから」「えー」みたいな。

嬉野　クレームが来るたびに、お茶を送り付けるっていうシステム。

藤村　（爆笑）。それこそ面倒くさいけど、付き合っていかなきゃいけないっていう関係ですから。だからまぁ最初は申し込みが殺到するかもしれないけどね？　２ヵ月３ヵ月で退会する人も、どんどん出てくる（笑）。

嬉野　そのへんはおれら、客を試すよ。

藤村　強気！（爆笑）。

嬉野　ある程度、最初は動きないよ。

藤村　なるほどね、「試してるっていうことを、おまえらわかれよ」と（笑）。ブログが始まったと思ったら「初日」とだけ書いてある。次の日更新したかと思ったら「２日目です」って。

嬉野　お互い睨み合うから。

藤村　毎回「今回は何か動きが？」って思うんだけど、たいがい、「２ヵ月目です」っていう頃に気が付きますよね。

嬉野　「あー……。更新する気ないんだな」と（笑）。

藤村　そこらへんの睨み合いの緊張感が伝わってほしいよね。でも、ちゃんとお中元にはタオルとか送ってくる（笑）。

嬉野 しかも「○○旅館」とか入ってるやつが。何やりたいのかわからない（笑）。
藤村 それでやっぱ、紛糾してほしいよねえ。クレームとかじゃなくて、謎が謎を呼んでほしい。「あのサイト、続いてる?」「いや、なんにも更新されてないけど……」「なんで退会しないの」「でもなんか、こないだタオルが来たから……やめづらくなっちゃって」とかね（笑）。「よろしくお願いしますって書いてあったから……」（笑）。
嬉野 そういう不思議な関係性を築いていきたいねえ。そしてそのお金は、われわれの生活費に（笑）。家族写真出して「この自転車を買いました」とかさ。
藤村 ダメだ、それは（笑）。
嬉野 それでなんとなくムードが悪くなったら年賀状書く（笑）。で、ほとぼりが冷めたら今度は車かなんか買っちゃって。
藤村 怒られるよ⁉ それはさすがに（笑）。
嬉野 前回はこういう話を、「スポンサーや視聴率に振り回されないで番組を作るにはどうしたらいいか」なんていう流れでね、話してたんだけど――もう『どうでしょう』からも離れてる（笑）。
藤村 個人の話になってる。
嬉野 でっかい仕事をしようとも思ってない（笑）。なんか人間と関わって、食いつないでいけないかと。

藤村　テレビのシステムを変えるとか、そういうことじゃなくてね。……テレビの人柱になりたいという気持ちもあるんだよ、一方では。一方ではあるんだけど、一方ではこっちのもっと近い人付き合いっていうか、人と関わることで生活をしていくほうに興味がある。

嬉野　そう。他人は結局、悪いものじゃないだろうと、自分を活かしてくれるいいものなんだと、そこを実感したい、させてもらいたいっていうね（笑）。いや、まじめにそう思うの。高度なコミュニケーションをやりたいの。

藤村＆藤村父の2ショット

藤村　そういえばあなた、最初、自分たちでサイト作るなら、おれとおれの親父の写真を撮りたいって言ったじゃない。

嬉野　ああ、そうだ。そうそう、撮りたかったんだねえ。あんたと言えば常に母ちゃんじゃない。

藤村　母ちゃんだ。

嬉野　一度お父様にお会いしたことがあったんだけど、本当にもう、いらっしゃるのかいらっしゃらないのかわからないくらいの感じで、ちょっと出てきてすぐに引っ込んだでしょう？　そのお父様の影響っていうのが、恐らく、あんたの中に割とあるんじゃないかっていう予感がするわけですよ。そこで別に話を聞くっていう感じでもなくて、言葉で取材をするっていうんでなくて、でも2ショットの写真を行く先々で何枚も何枚もオンカメでさ、パシャパシャと撮っていったら、なんか見えねえかなあっていう、予感。

藤村　それはねえ……おれも、そう思ったんですよ。「自分の写真なんか別に出したくない」と思ってたんだけど、おれと親父が2人並んでる写真って、あんたが言ったみたいに、何かが出てくるんだろうっていうのは、思った。親子にある普遍的な何かが。それを説明付けてどうこうしたいっていうんではないけれども。

嬉野　それをおれは、撮りたいと思った。

藤村　そういうことなんだよね。サイトで何か出したいと思った時に、そういうものを。『どうでしょう』とは離れるけど、何か今までとは違うものを。

濃密な関係を擬似的に

嬉野　不特定多数に、広く一般に広めていきたいっていう野望はまるっきりないでしょう。それよりも、「いつものメンツでしょ？」っていう、お客もおれらもお互いがご存じの範囲の中でやっていきたいっていうか。それはなんか甘えた根性なのかもしんないけども、もうそっちのほうに興味があるんだよ。

藤村　でも年齢と共にそうなってくるでしょう？　歳を取れば取るほど、若い頃より人間関係は多方向には行かなくなる。

嬉野　その濃い関係の中で、ちょっとした甘えも出していく。だから年賀状とかお茶とかも出すし。自分の家族とか親戚とかじゃなくて、こういう何か媒体を通して、こっちと客とで擬似的に濃密な体験をしたいっていう。それには向こうも呼応してくるんじゃないかって予感がするよね。

藤村　多分これも時代だと思うんですけど。本来であればしがらみの中で人間は生きていくものなんだけど、そこから解き放たれた時に、じゃあ今さら親と一緒に同じ屋根の下に住むかっていうと、そこまでも踏み込めないっていう中で。

嬉野　仲間の輪を広げていくっていうのもないでしょ。だから本当に、「濃密な関係を擬似でやる」っていうことを……それはおれらはテレビを作っているから、客観性はあるから、やっていける気がするし。

藤村　いいとか悪いとかではなくて、それは多分みんな求めてるし、一回は経験しておくべきことなんだろうなと。そのあと「擬似は擬似でしかない」っていうことになるかもしれないけど、そのあとにまた何か変化があるだろうし。今、お中元が来ること自体、少なくなってきているでしょう。

嬉野　それを逆手に取って、粗悪なお茶を送り付ける（笑）。年賀状とかお中元とか、そういうことに乗っかっていくっていう。

藤村　やりたいよねえ。

嬉野　誕生日とか（笑）。

藤村　誕生日はめんどくせえから……。まあなんかあったら、餅を投げたりとか（笑）。

嬉野　探り探りやりながら、深めていく。番組のサイトだと「あれはやるな」とか「それは駄目だ」とかいろいろ言われるから、だったら個人で腹くくってやったほうがね。

藤村　やっぱり、おれと親父との写真を『水曜どうでしょう』のサイトに載せる気はないんですよ。それは非常に個人的なものだから。

嬉野　写真っていうのは、見つめる者と見つめられる者っていう関係性の中で物語が生まれるんだなと。片っぽずつでは駄目だと。それはすごい腑に落ちるところがあって、やっぱり「あんた」と「親父」、そして「あんたと親父」を見たいっていう「おれ」――この構図の中で、相当何かが出てくるんじゃないかって。

藤村　そうだね。おれと親父の中だけじゃなくて、それを見たいと言ったあなたの存在があるから、成り立つんだよね。

嬉野　そして「撮ってもらってもいいかな」って思うあんたがいるっていうことで、成立する。無言の中に何かが出るかもしれないっていう。そういう見つめる・見つめられるっていう関係。『どうでしょう』も多分そうだと思うんだわ。おれは当事者というよりは「見つめる」っていう、そういう立ち位置にあるんだと。

ツイッターはやらない

藤村 あとはサイトはもうシステムの問題だけで、携帯からでも写真撮ったらすぐにアップできて、さくさく更新できるっていうところを。あんまりコストが掛からなくて、課金もお茶代的にふんわりいただくっていうのがベストなのかなと（笑）。基本、思い付いた時になんかやるっていうスタンスがいちばんいいよねえ。そうしたらやっぱりその時に合った、いちばんいいものが出てくると思うんだよ。

嬉野 『どうでしょう』も、まったくそうですよ。

藤村 ツイッターみたいに、おれらの行動を逐一書き込むつもりはないから。とんかつの写真とか別に上げたくないからね。そんなことで喜ばそうとは思ってないから。

嬉野 「探り合い」をやりたいんだよね。

藤村 計算できない探り合いを。「今日はどこどこに行きました」、そういうのはやらない。

嬉野 やらねえんだよ。どこも行きゃしねえよ。

藤村　（爆笑）。行ってっけどね。

嬉野　行ってるけど。

藤村　「そういちいちは報告しないよ？」っていうね。おれらのこういうのを見て「自然体ですね」とかっていう人もいるんだけど……そう言われるとちょっと反発したくなるんだな。自然体だって言ったとたんに、それは自然体じゃなくなるから。

嬉野　型にはめようとしている感じがある。

藤村　そう。「じゃあなんだおれたちは、不自然なことしちゃいけないのか」っていうことになる（笑）。いや、向こうはよかれと思って言ってるんですよ？　別に普通に、「自然体ですね」と言われた時に。

嬉野　「違う!!!」

藤村　（爆笑）。

嬉野　そこまで否定するもんでもない。怖いよそんな人がいたら（笑）。

再びパズドラの話

藤村　アフリカ行っちゃったら、10日間パズドラできないからなあ……。

嬉野　またその話かい？（笑）

藤村　なんとかできる方法ねえのかなあ。
嬉野　ないと思うよおれ。
藤村　ただ毎日1回、ログインはしてみますよ（笑）。
嬉野　これ国内ロケだったらあんた……完全にロケ中にやっちゃうところでしょう？
藤村　いやさすがに先生それは……寝る前に1回だけ（笑）。
嬉野　「個室にしよう」、なんか言い出したりして。
藤村　いやいやそこらへんはもう自然に。自然体ですから（笑）。でもあなたも何かにハマることは多いですよ？　前は星座のアプリをえらい得意げに自慢してたじゃないですか。「これ知ってますか」「なんならあなたのiPhoneに入れときましょうか」って、おれは「いらねえ」っつってるのに。あれはあなたの、かなりの個人的な押し売りじゃないですか（笑）。おんなじようなもんですよ。
嬉野　押し売り……。
藤村　（爆笑）。
嬉野　押し売りっていうところは、ありますねえ。
藤村　おれ「パズドラやりなさいよ」とは言わないでしょう？
嬉野　言わないですよね。
藤村　あなた言うじゃないですか（笑）。

嬉野　いいなと思ったら、やっぱり人にも「おお、これいいねえ！」って言わせたいっていうのがありますねえ。……「この人、言わねえなあ」と思って。

藤村「面白くねえやつだなあ」と（笑）。あなただってそうでしょう。おれは別にパズドラを勧めはしないけど、ここまで言ってたら大体の人は「じゃあ一回やってみようかな」ってなるもんですよ？

嬉野　あー。「やってみようかな」と思った時期もありましたよね。ただもう完全に、あんたは向こうの世界に行っちゃったから。

藤村　もう今ではね、おれとはレベルが違いすぎるから。

嬉野　レベルとかって言われるとね……多少カチンと来ますけど。

藤村（笑）。今や追いつけないですから。ずっとおれに教えてもらう立場になっちゃいますから。

嬉野　わかりませんよ。あっという間に習得するかもしれませんよ。

藤村　そうなればもう、僕はあなたの自慢話を聞きますから（笑）。「このモンスターがですねえ、強いんですよ」「これを獲ったんですよ」みたいなね？

嬉野　あー……全然わからないですね。

藤村　おれは別に、負けず嫌いとかではないんですから。

嬉野　そうかい？

藤村　負けた時は負けたって、すぐ認めますから。……「対決列島」(01年・DVD第23弾収録)なんかでもね、あれは「負けたらいかんだろう」っていう、仕事的な部分が大きいですよ。

嬉野　仕事は仕事ですからね。……「いかんだろう」っていうのはなんなんですか。

藤村　「おれが負けたらいかんだろう」「そもそもおれが勝つことを前提に、企画立ててんだから」っていう、プレッシャーですね。だから負けず嫌いではないです。

嬉野　全部あんたの得意な条件でやってるんだから、負けるわけないでしょうよ(笑)。

藤村　負けないように負けないように、どんどんルールを付け加えるわけで。ここで負けるとまた、ちょっと違う展開を考えなきゃいけなくなるから「めんどくせえな」っていう。負ける時は負けてもいいんですよ？　だけどそのためには、多少ポイントは離しておかないと(笑)、こっちも安心できないっていうくらいですよ。

嬉野　なるほど。

藤村　まあ最近は甘いものよりすっかり酒好きになったんで、次やるときはまた考えますけどね。

旅から帰って、腹を割って話した

ロケは楽しかった

藤村　どうも。

嬉野　どうもどうも（ビールで乾杯）。

藤村　今回のは……いやあ、全然面白かったと思うなあ。今回ね、ロケが終わって最初に感じたのは「まだまだだなあ」というイメージで。

嬉野　「まだまだ続けられる」ってこと？

藤村　うーん「続けられる」っていうとがんばっちゃってる感じがあるけど。「まだまだやることはありそうだなあ」っていうか。

嬉野　つまりさ、４人で集まって旅をして『どうでしょう』っていう番組を作ることに全員が興味を失わない限り、多分死ぬまでやれるっていう。

藤村　そうそう。「まだまだ興味を失わないだろうな」ってことかな。それを今回のロケで感じた。

嬉野　おれらの人生だってそうでしょう。結局、生きるっていうのは自分の人生に興味がなくならない限り楽しくやれるわけで、それとおんなじことをおれらは、テレビの番組で、『どうでしょう』を作ることでやってるんだと思うんだよ。今回のロケ、楽しかったんでしょ？

藤村　楽しかったのよ。

嬉野　つまり、そういうことだと思うんだけど（笑）。

藤村　まあ一般論として、興味をどっかで失うっていうことは、何に対してもありうるわけじゃん。やっぱり長いスパンで考えるなら。特に『どうでしょう』をレギュラーで6年間やってた時は、「いつかは終わるんだろうなあ」と。「それは興味を失った時なんだよなあ」と当然のように思ってたから。でも今はもう「続けるだろうなあ」というのが前提にあるけどね。

嬉野　「この連中と一緒にやっていく」っていうことが。

藤村　そうね。企画がどうのこうのじゃなくてね。

嬉野　「こいつらと一緒にやってても充実しないから、だったら一人でやりたい」っていうようなことにならない限り、楽しくやっていけるわけだし。

藤村　そう。そういう、先のことが心配に……心配まではいかないにしても、「どうなんだろう」とふと思うことは、前はあったわけ。

場を作る役割

藤村　出発前にも話したけど……例えば前回の「カブ」（11年・DVD第29弾収録）の時なんかは、わりとその状況に対して、考えちゃった気がするのよ。
嬉野　カブが始まる前に考えた。
藤村　うん。ほら、その前に「ヨーロッパ」（07年・DVD第28弾収録）があってさ。
嬉野　そうね。あんたはヨーロッパで何かを危惧して、それをロケの後もずうっと引きずって、それがあったからカブの時に考えたんだと思う。でもやってみたら、やっぱり面白いものになったと。
藤村　カブの時から2年3年経って、今回はそういう不安が全然、ロケが始まる前にもなかったし、終わったあとも「ああ、やっぱり面白かったなあ」っていう。
嬉野　出発前の話で、あんたが「もう前枠の台本すらなくてもいい」とか「それぞれが考えてやってくれるだろうから不安はない」って言っていて、それは本当に重要なところだと思ったの。そういう方針でいけるということを、最近になって認識した。これまでをさかのぼれば、いろんな時にいろんな心配をし、「こいつはどうなんだろう」「あいつはやってくれるんだろうか」って思うこともあったんだろうけど、それも結果的にはそれぞれがちゃんとやってきたということだとおれは思うんだ。

藤村　そうだね。

嬉野　そういうのを全部あんたが抱えて、旅をずうっと続けてきたというところに、あんたの大きな存在意義があると思うんだよ。あんたっていう人間が場を作っていく。そこにみんなが乗っかることができる。そこでみんな自分自身の力を出せばいい。それをあんたが始めたわけでしょ。あんたにしかできない、他の人ができない重要な仕事っていうのは、おれはそこだと思うよ？　場を作ることに長けてるんだね。もちろんディレクターだから編集もやってる、演出もやってる。だけどそうやって場を作ることが、制作者として、ものを作る人間として、重要だっていうことはあまり認識されていない。でもそこがなくなったら、『どうでしょう』もなくなると思うよ。あんたがいなくなったら『どうでしょう』は存在しない。

藤村　なんか……昨日読売テレビの西田（二郎）さんと話してたんだけど、あの人も、人を集めたい人なんだよね。で、みんなとつながってチームを作っていろんなことをやりたいっていう。おれも人を集めたいんだけど、集め方がちょっと違ってて。たとえば悪いんだけど、おれはまず「火事」を起こそうと考えちゃう。そうすると「何？」って、連絡網とかなくてもみんな集まってくるじゃないですか。

嬉野　それはいわゆるネットとかの「炎上」とは違うわけだね。

藤村　そう。問題を起こすわけじゃないんだけど、最初から「みんなを集めて一緒に火をおこそう」とは思わないんだよね。先におれが火をおこす。火の手が上がったことで、人が見に来るのか、あたりに来るのか、そうやって、とにかく集まってこられるようにする。

嬉野　その集まる人っていうのは、具体的には誰を指してるの？

藤村　それはもちろん、『どうでしょう』で言えば、自分以外の３人。だから、そういうふうにするのが、あんたの言い方で言えば、「場を作る」ってことなんだろうね。

嬉野　そうすれば必然的に、その状況が場になると。

藤村　『どうでしょう』も最初の頃は――今「火事」って言ったけど、まさに誰かが熱量を加えなくちゃ、右も左もわからない野っ原を行くことはできなくって、それは確かに自分の役割だったのかもしれない。それは無意識のうちにそういうふうにやってたと思うんだけど、今はもう嬉野さんなら嬉野さんの、大泉なら大泉の、ミスタさんならミスタさんの、それぞれの役割がある。それぞれが熱量を持っているからあえて火をおこすこともないし。今回のロケなんかは完全にそうで、それでいくのがいちばんいいんだろうなっていうのは、行く前からわかってたからね。

嬉野　今回、それで確かにその通りだったと。前枠の台本がいらないっていうのも、もう柱ができているってことだね。あえて火をおこす必要はもうないという。

藤村vs.大泉

藤村　そのヨーロッパの時は、４人だけだったでしょう。４人だけで車でずっと移動してた。そこでちょこっとこう、舌打ちをするようなことがあった。それはちっちゃなことだったんだけど、そうすると「これでやっていけるのかなあ」とか「これはもう、しばらくやんなくていいなあ」っていうことを、ふと思っちゃったんだよね。

嬉野　おれの目線から言うと、あなたと大泉くんのツノの突き合いだったと思うんだよ。

藤村　そう。これはもう性格の問題なんだろうけど、おれは軽く見ちゃうのよ。例えばメシを食えないっていう時に、「そんなのは別にどうでもいいだろう」って思っちゃうんだけど、あいつにとってはそれは重要なことで。でもこっちは気にも掛けないし、なんなら「そんなに食い物食い物つって、バカじゃないのかおまえ」とかって言っちゃうじゃない。それはそれで回ってたんだけど、ほんとにあいつが腹を立てちゃうとか、そういうことがちょこちょことあった。

嬉野　番組を作っていく中で「ここはこうすればいいんだ」っていうのは、あんたにもあるし、大泉くんにもある。それが一致しない時に、お互いに引かないっていう状況は、あなたにとってそれまであんまりなかったことだと思う。だって最初の頃は、大泉くんもまだ大学生だったし。それがヨーロッパの頃には、彼もドラマに出、東京でいろんな現場を踏み、経験も積んで、そのへんであっちも引かない、こっちも引かないってなったところがあったからだと思うけどなあ。

藤村　でも……あれだよね、四国の3回目かなんかの時（02年「四国八十八カ所Ⅲ」・DVD第26弾収録）でも、大泉が頑（かたく）なになった時があったよね。

嬉野　あー、焼山寺（しょうざんじ）に行く時ね。夜中の山道を行くかどうかで。

藤村　あん時はね、「夜中に山ん中行ったら盛り上がるだろうな」とは思ったけど、「さすがにちょっと危ないかも」って、おれにも迷いがあって。大泉は「盛り上がるんだったらやりますよ」っていう気でいたのに、こっちが煮え切らないから「結局どうすんですか」「はっきりしてくださいよ」っていうのが態度にはっきり出ちゃったんだよね。テレビ映りを気にするあいつが、もう外見てタバコ吸ってさぁ。でもあの当時はレギュラーでやってたから、そんなの引きずることもないんだけど、「ヨーロッパ」みたいに何年に1回の時にそういうふうになっちゃうと、「しばらく時間おくか」ってなっちゃうから。……次のカブまで4年空いたっていうのは、そういうところも確かにあったんだろうね。

嬉野　そういう危惧っていうのは、もうカブの時にみんな雲散霧消しちゃったわけ?

藤村　うーん、だからそのへんのこともあって、カブをやる前には力みもあったんだけど。でももういまや全員40以上になって、おっさんが集まるっていう状況だから(笑)、それはもう若い頃とは質が変わってるし。

嬉野　そういう意味で言えば、四国やヨーロッパの頃にそういうことがあったっていうのも逆に当たり前の話で、それでもやっぱりこうして一緒にやってるわけじゃない。それこそ4人で乗り合わせた舟だから、「お互い呑むところは呑むしかないでしょ?」っていうのもわかってきて。だから一層、今は面白くなってきてるっていうところもあると思うんだよ。これをね、簡単に4人の関係性を清算して、新規編成でやったところで

──「今一度みんなで集まって話し合いをして」とかね?

嬉野　よく「新しい血を入れて」とかって言うけどさあ。

藤村　(笑)、バカだよねぇ。そんなことをやっても、またいずれ同じことが起きるだけだから。……人間関係をずっと続けていく中で、「あの人はこういう人だから」っていう暗黙の了解みたいなものができてきたら、さらにその関係が面白くなってくるのにね。でもおれらにはもうそれができているっていうのは、あると思うよ。

嬉野　「『どうでしょう』は大泉にとって必要悪」ってあんたがどっかに書いてたのを大

泉くんが受けて、「いや、そうじゃない。自分にとって本当にやりたい番組なんだ」って、彼が本(『大泉エッセイ』)に書いてたじゃない。

藤村 それはほら、必要悪だなんだっていうのは大げさに、この番組を卑下して言ってる言葉だから(笑)。

嬉野 そこは本心じゃない。まあそういうのも、お互いにわかってることではあるんだろうね。

人間は「遊び」で生きている

嬉野 大泉くんがそのエッセイ本の中で、「『どうでしょう』の面白さはその場その場でストーリーを作り出すこと」って書いてるけど。やっぱり『どうでしょう』は、「何も決まっていない」っていうことを方法論にしているというか。

藤村 「何も決まってない」っていうことが、決まってるんだよね(笑)。

嬉野 この前、帝京大学の筒井先生のメールで、非常に面白いと思った部分があってさ。「人間は遊んでいる時に、生きてることを実感してる」んだと。たとえば子どもがね?休み時間に遊んでる。でもやつらは、ずっと同じことをやってるわけじゃない。よく見ていると、さっきまでかくれんぼをやっていたはずなのに、いつの間にか鬼ごっこに興じている。「こんどはこれやろう、あれやろう」とアイデアを出し合いながら、流れの中で遊びをどんどん変えていってる。その時の気分で、「こっちのほうが楽しいんじゃないの？」って思えばそっちへ遊びを変えて、それで休み時間を目一杯楽しんでる。あれが「生きてる」っていうことなんじゃないか。人間が「生きてる」って感じる状態は、子どもが遊んでる時の心境じゃないのかって。でもそこにね、大人が介入してきてだよ、「ではまず最初はかくれんぼで遊んでください、10分後には鬼ごっこに移行します、そのあとは、順次ここにあるスケジュール通りに遊びを変化させていきましょう」なんて管理し始めたとしたら――そりゃ楽しくもなんともないだろうなっていうことが、そのたとえ話を読んでいて、もうわかりすぎるくらいにわかってくる。

藤村　そうだよねえ。

嬉野　でもそういうふうに管理されたスケジュールの中で、人は社会人として生きているわけでしょう。みんなはさ、そのことを疑問視もせずに受け入れているけど、でもその管理された状態は、さっきの楽しそうに遊びに興じる子どもたちからすれば、人として「生きてる」って感じられる状態ではないんじゃないかと。そう考えるとね、何も決めないでロケに行って、やってくる何かに対して常に行き当たりばったりで、そのつどそのつど現場で対応していくっていう『水曜どうでしょう』の姿勢は、「遊んでる子ども」の状態に近いんだろうなっていう。

藤村　あー。

嬉野　だから、『どうでしょう』がこんなに見られているっていうのは、われわれがそうした社会人としての約束事に囚われずに、抑圧されずに人生を遊んでいる、つまり生きているっていう状態を現場で実現している、今や稀有なバラエティ番組で、だからついつい見ちゃうっていう。

藤村　あー、そうだね。面白そうな方向にそのつど向かえば、休み時間がやけに充実して「面白かったよなあ」ってなるっていうことだよね。

嬉野　そう。社会自体が、そういう楽しくなるはずの人生から遠いものになっちゃってるからこそ、うちの番組は見られてるのかもしれないよ。でもね、番組を作るって時にそういうことが重要だっていうのは、おそらくほとんど認識されていない。だからいつもあんたが言ってるみたいに、「イベントを用意しておかないと心配だ」っていう話が繰り返されるだけなんだよ。でもそれは結局、スケジュールを管理されて、つまんない休み時間になるだけなんだけどね。

藤村　ラインの生産をする仕事であれば管理は重要なんだろうけど、そういうことじゃないからね。

時間を掛けて浸透

藤村　10……ん、十何年？

嬉野　何がよ。

藤村　うち。

嬉野　17年。

藤村　17年？　17年やって、知ってる人の数はもちろん増えてるし、深いところまで知ってる人も明らかに多くなってるっていうのはあるよねえ？

嬉野　あるねえ。

藤村　たとえば……昨日BEAMSの人が「一緒に何かやりたい」って言ってて。そんなのは2003年頃にはまったくなかった話でしょう。あと今度「ダ・ヴィンチ」かなんかで『どうでしょう』の特集をしたいって話があって、作家の人とか漫画家の人とかもすごい好きだって言ってくれたりとか。そういうのを聞くと「ああ、昔とはずいぶん変わったなあ」っていう感じは、まあ、あるよね。

嬉野　だから、時間掛けて浸透していってんじゃないの。

藤村　そう、時間は掛かる。でもこうなったからと言って、こっちが何か変わるわけでもないし、そういうのがなければやめてたかっていうとそういうわけでもないし。じゃあ人気あるから毎週やるかって言ったらそうでもないし（笑）。

嬉野　じゃあ「へー」ってなもんだね。

藤村　「あー……」って感じなのかな。時間は掛かってるけど、でも最初からずっとおんなじことを続けてると思うんですよ。おれはまだ新作の編集に手を付けてないけど、普通に面白おかしく編集して、送り出して。『どうでしょう』を次に放送することによって、自分たちの中でまた何か大きく変わるかっていうと、そういうわけでもないし。

嬉野　あー。そうだろうね。

藤村　だから『どうでしょう』に関しては、実はそんなにしゃべることはないんだよね（笑）。

気分がいちばん大事

藤村　なんていうか……「気分で物事を決める」っていうのは、一般的にはそんなにいいことだとされてないんだろうけど、『どうでしょう』は気分なんですよね。「いつやるか」なんていうのも気分だし。そうすると必ず外の人から「大泉さんのスケジュールの関係もあるんでしょう?」なんて言われるんだけど、まったくそうじゃない、気分なん

ですよ。前に「物事は気分で決めるのがいちばん正しいと思う」って、あなたに言われ
て、おれもそうだよなってすごく納得したんだけど、まだ世間にはわかってもらえないっていうのはあるよねえ（笑）。じゃあなんで、その「気分」になったかっていうのは、
おれらだって最初は気付かない。でも、「なんかこうしたほうがいいなあ」と漠然とは
思ってる。その漠然と思ったところをいちばん大事にしたほうがいいっていう。

嬉野　うん。

藤村　だからこないだのサイトの話だって、「このままだと現状はよくないなあ」って
いうのがあるからね？　ネットでなんでもタダで手に入るっていうことの気持ち悪さを
最近感じてるし、だってGoogleとかのすごい作り込まれた地図が、簡単にタダで手に
入るなんておかしいでしょう。でも今やそれが当たり前みたいになっちゃってる。それ
がみんなにとっていいことなのかっていうと、決してそうじゃないだろうって思うから。
だからもうまったくその対極で、なんなら「お金だけもらって、なんにもしないかもし
れない」っていうことをね（笑）。

嬉野　なんにもしないかもしれないし、何かするかもしれない。っていうのをわかって
くれる人たちとまずは始めたい。

藤村　その「気分」なんだよね。だから別にGoogleに勝つためにどうしようかとか、
その方法論を使ってなんかできないかとか、そういう発想じゃない。それは「気分」を

度外視することでしかないから。

嬉野　それこそさっきの遊びの話じゃないけど、「どうしてもこっちに行きたい」っていう気分があるのなら、それは何か必然性があるんだよ。そのことは誰もが――

藤村　感じてるはずでしょう?

嬉野　気分があることは忘れてないはずなのに、ずいぶんと何かに気兼ねしちゃって出さないという。

藤村　たとえば、あなたが「こっちの道に行きたいんだよ」って言ったら、おれだって「それ近道なの?」ってまず聞くよ。

嬉野　近道かどうかはわからん(笑)。

藤村　そう、むしろ遠回りかもしれない。「じゃあ、きれいな景色が見れんの?」「いや、わかんないけどこっちなんだ」ってなったら、「ああそうか」で、もうおれはそっちに行くんだよね。「気分で言ってるんだろうけど、なんかあるんだろうなあ」と思って。でも実際、なんかあるんだよ、きっとそこには。

嬉野　それを『どうでしょう』の中でやってきたんだろうね。

楽しむことは怖くない

藤村　さっきの話で言えば、みんなでドッジボールしててボールが転がった時に、大泉が向こうに蹴っちゃったと。そしたらおれも行ってボールを蹴る、ミスターは「おい、ドッジボールやってんだろ！」って言うんだけど、しょうがないから付いてきてサッカーに入ってくる。それでまたみんな楽しくなっちゃって……みたいな、そういうことだと思うんだよ『どうでしょう』は。これは「気分」だからね。

嬉野　「気分」のほうに行けなくなっちゃうと、とんでもないことになると思うんだよ。……って思うから、もうそういうことは一切考えたくないから、「何をするかわかんないけど、とりあえず課金をしてみて」っていうような。

藤村　（笑）。

嬉野　そういう妙な存在になりたいと思うじゃない。

藤村　そうだね。

嬉野　そこにどういう戦略があるかっていうと――

藤村・嬉野　ねえ！（笑）

嬉野　そう言い切るだけでずいぶん気分がいいっていうのもあるし、そういうことを言ってる人を見聞きするだけでも気分がいいっていう人もいるかもしれない。そんなもんでしかないと思う。そんなもんでしかないところを、結局繰り返して、積み重ねて作っていくんだろうと思うよ。

藤村　だけど今、こんなに「気分」が低く見られてるっていうのは……昔からなんだろうなきっと。

嬉野　わかんないけど、ここまで封じ込まれるっていうのは、なかったんじゃないの？

藤村　楽しい方向に行くっていうのが、怖いんじゃないのかなあ。それは本当に自由にやって、楽しんだ経験がないからかもしれない。ドッジボールがサッカーになったっていいのにね。全然恐れるようなことじゃない。

嬉野　そうなんだよ。抱えるものがない

藤村　「10分間はドッジボールをやって、次は……」みたいな、「それが決まりですから」みたいなことを言われると……昔よりも怒るね（笑）。もうそろそろ気分でやらせろよと。昔はまだちょっとは対応しようと思ってたんだけど、最近はもう、「いいから気分でやらせてくれよ！」と。「間違ったことはしねえから」って思うんだけど、相変わらずやいのやいの来るから、それに対しては怒ることは多いねえ、非常に（笑）。

嬉野　ああ、それは社内の話だね。

藤村　社内の話だねえ（笑）。怒ること多いねえ。

嬉野　あんたは「場」を作る人だからね。でもおれは眺めてる男だから、一歩も二歩も引ける立場にいるわけですよ。だからおれは、怒るような立場ではない。抱えるっていう気もないんですよ、抱えるようなキャラじゃないですからね。『どうでしょう』でも、何かを抱えてたつもりはずーっとないですよ。抱えてきたのは多分、あんたと大泉くんだと思うんだよね。おれはそれを、眺めているっていう立場だから、イラつくこともないし。

藤村　……すごいよねえ。おれからすると、「そういうこと言える人ってすごいよな」と思うよね（笑）。

嬉野　どうして？

藤村　「抱えてるものがない」って、はっきり言えるっていうのはさあ――

嬉野　でも、そうだもん。ただ、おれは「行きたい」と。これに乗っかってこのまま行きたいと。こいつらと一緒に行きたいと。だって、ここでとてもいいものが始まってるから。これはおれが求めていたもの、そこをやれてるっていう実感。それは多分、おれにしかわからない。

藤村　うん。

嬉野　あなたたち3人は当事者だから、この番組だけにかかずらわってってはいけないと思うかもしれないけど、おれは反対に、この番組以外のものにかかずらわる理由ってものがあるなら聞きたいって思うくらい。
藤村　(笑)。
嬉野　ほんとだよ?
藤村　「抱えるものがない」って言ってるけどさ、じゃあ何も考えてないかっていうと、でもあなたが主張するところもかなりあるわけですから。こっちからするとねえ?「いや、抱えてんじゃねえの」って思うけど――
嬉野　抱えてないんだよ。
藤村　っていうところがね?(笑)。……まあ抱え込みゃいいって話でもないけど。
嬉野　抱えちゃいない。ただ、なんか思ったらあんたに言うわけだ。「こっちへ行くのはおかしくない?」って。それであんたにまったく反応がなかったら、それはしばらく言わないよ?　言わないけど、また言うよ。
藤村　(笑)。
嬉野　それに対してやっぱり、共同歩調を100パー取れるわけじゃない、同じ人間ではないんだから。だけど、おれが「行きたい」っていうところと、まったくあさっての方向に行こうとしてる人じゃないから、あなたはね。だからこれで多分17年一緒にいるんだと思うんだよ。
藤村　そうですねえ。

嬉野　だったらあんたと一緒にいたほうが近道だと思ってる、おれはね。……おれは、行きたいところがあるんだよ。そこがどこかはわかんないけど、「そこに行くんだ」って思ってる。それはやっぱり、このままの社会が続いていった時に、いい方向に向かうとは思えない。あんたもそう思ってるし、おれもそう思ってる。ということは、あんたにも「この方向に向かいたい」っていうものが、歴然とあるんだと思うんだよ。

藤村　そうだね。

嬉野　そうやって何かを目指して生きていくもんだろうと思うよ、人間って。その中でおれらは番組を作ったりして、またその番組を眺めてる『どうでしょう』好きの連中もいてくれてるわけでしょ？　彼らもまた考えてるし、彼らもどっかに「行きたい」と思ってるんだと思うよ。

藤村　いやあ、彼らもねえ……すごく考えてるんだなっていうのは、思うよ。仕事が好きなのかどうか

藤村　何か問題あると、会社の人がすぐ「これ大丈夫か？」って言ってくるでしょう。おれ、根本的に思うのよ。「いや、あんたは関係ないでしょう」って（笑）。

嬉野　（笑）。

藤村　「おれらが腹くくればいい話でしょう」って思っちゃうのよ。
嬉野　あー、そうね。
藤村　この番組がなんか失敗したところで、あんた関係ないでしょうって思うから、「なんでそんなに言ってくんの？」っていうのがあるんだけど、「いや、職務ですから」と。じゃあ職務が変われば関係ないって立場で言ってるだけの話じゃない。それはお互いになんの得にもならないですよ。
嬉野　それもだから、その仕事のやり方が自分の中から出てきたものでないから。職務っていう、組織の中で見られてる自分しか意識してないから。やっぱりさ、人には持って生まれた役割があって、その役割にのっとって、みなさん知らないうちにその役割を果たしてると思うわけ。だから、職務だっていうだけで無理してやっても、それが役割的に自分のものでなければ続かないからね。……わからないっていうことをわかってくれれば、まだ付き合いやすいと思うよ？　昔はうちの会社にも、そういう人はいっぱいいたんだよ。「おれにはわかんないけどさあ、おまえたち、なんか楽しいんだろ？」なんて言ってくれる人は。
藤村　今はすっかりいなくなったねえ。
嬉野　みんなそんなに、好きで仕事をしてないからじゃないですか。おれはそう思うんだけどなあ。おれも自分の気持ちと仕事が一致してなかった若い頃は、そんなに仕事、

楽しいとは思ってなかったから。「仕事は仕事、プライベートはプライベート」ってい
うふうに、『どうでしょう』以前は考えてたと思う。それが『どうでしょう』をやって、
人数も少ないから自分を出していく、それが世間に受け入れられるんだってことがわか
って、「それでいいんだ」って思えたから。
藤村　それは実体験としてあったことだからね。
嬉野　そうそうそう。だから実体験がなければ、なかなか難しいことなのかなって。
藤村　多分もう、今のテレビ局のシステムだと、なかなかできないですよ。自分たちで
ものを作るっていうことの大部分を、テレビ局は放棄してしまったから。プロダクショ
ンに番組を作らせて、それを管理するっていう形になってますからね。
嬉野　だけどさあ、制作っていういちばん面白い部分を外注するっていうことは、「作
ることに楽しみが持てない人たちが管理してる」っていうことを、公言してるようなも
のじゃない。
藤村　最初は「作ろう」っていう気持ちがみんなあったんだと思うけど、番組を作るに
はコストも掛かるし時間も掛かる、それを社員が四六時中やってたら時間外（残業代）
だって付くし、と思った時によそに振れば安く上がると。
嬉野　それもまたおかしな話だよね。
藤村　もともと作ることに興味のない人、作っても大したものができなかった人が上に

行って、それがテレビ局のスタンダードになっちゃったっていう。それで管理する立場になったら、目を吊り上げるしかないんだけど、管理されるほうもお金をもらってるからそこにしがみつかざるを得ない。誰が幸せになるの？っていうことだよね（笑）。

嬉野 それは今、どこの業界も同じようなことになってるでしょう。

藤村 そう、テレビ局だけじゃなくて。

嬉野 いろんな人と会って話すたびに思うよ。

視聴率に対する意識

嬉野 なんか視聴率もさあ、気にしてもしょうがないものだっていうのは経験上わかってるんだけど、気にならないものでもないとおれは思うんだよねえ。

藤村 そりゃあそうだね。

嬉野 だからどうしても、あまりにも視聴率が振るわなかったら、「なんなんだろうなー」って思っちゃうだろうし、「視聴率が取れる方向に行かなきゃいけないのかなあ」ってつい思ってしまう気持ちも、死んではいない。だけどそっちに行っちゃうと――

藤村 気分がよくない（笑）。

嬉野 うん、だんだん自分がわかんなくなってきちゃうから。それは「行ってはいけないんだなあ」っていうことで行かないっていう。

藤村　そのためには、なんかの言い訳を作ったりもしてね。「忙しいからなあ」「しょうがないよなあ」とか言って（笑）。

嬉野　日本中の誰もが『どうでしょう』を知ってるっていうことには、ならないと思うし。だって「あれのどこが面白いんですか？」っていう人も、いて当然だと思うもの。「そういう人も取り込まなきゃ、視聴率は上がらない」ってことになった段階で――

藤村　ああ、それはもうキツい。

嬉野　「そういう人を取り込まなきゃ」ってなった段階で、今あるものが破綻するのは、もう目に見えてるわけで。そう考えれば、視聴率を追うっていうことはできないし。ただ、あまりにも視聴率が低いと「おれらがこんなに面白がってるのに、なんでなんだろうなあ」って思っちゃうだろうけどね？

藤村　そういう意味では、ゴールデンとかじゃなくて、あんまり目立たない場所でやってたっていうのは、やり方としてはうまかったね。面白いと思わない人まで取り込む必要がないから。「そっちに行ったら損だ」っていうのは、もともと思ってたからね。

旅から帰って、
さらに腹を割って話した

番組ＨＰ、開始の経緯

藤村　おれね、そもそもなんでうちのホームページを開設したかっていうと……基本的には、番組を見た人がどう思うかっていう、感想を聞きたかったわけじゃないですか。昔はそれをハガキでやってたけど、そのうちネットっていうものが出てきた。ファンの人が立ち上げたサイトを見ると、いろんな人が掲示板に「先週のここが面白かった」みたいに熱心に書き込んである。

嬉野　はいはい。

藤村　それを読んで、「ああ、なるほど」と。初めてそういうものに触れて、だったら普通に、おれらも場所を用意したほうがいいんじゃないかと思ったわけ。当時そのサイトをやってくれてた人のところにも「今度うちでやります」みたいなことを書き込んでね。そうやってまず感想やなんかを聞きたいっていうのがあった。で、聞いたら言いたくなるわけじゃない。

嬉野　番組について？

藤村　番組について。中には「今回のはあんまり面白くなかった」っていうのもやっぱりあるわけじゃないですか。そうするとこっちもちょっとカチンと来て（笑）、「いや、ちょっと待て」と言いたくなる。要するに彼らは自分がどう思ったかっていうのを言いたい、発したいっていう熱があった。おれらにも発したいことがある。だからこそそういうネットのコミュニティができた。お互いに発したいことがあるっていうところがあって、初めてつながれる。だから今ツイッターとかフェイスブックとかで、「今、何をやってます」みたいな報告をしたところで、そういう熱量がお互いになければつながれないわけで、それはおれらがやりたいことではないんだよね。

嬉野　おれは単純に……実家がお寺だったから、あの雰囲気でやれるなと。日記のページを作ろうと思ったのは、そういうことだよね。ごあいさつをして、やって来る人がいて、話したいんなら話してもらって、答えるところは答えるから掲示板に熱心に返事書くわけでさ。そうやって日常的につながっていく。

藤村　そこがおれにはない、嬉野さんの発想たるところでね。おれはそうやって聞きたかった、あいつらは話したかった。それを聞いてまた話したくなる。でも、ずうっとこればっかりやってるわけじゃないっていう時に、あなたがお寺みたいな感じでね、「じゃあ別になんにもないんだけど、ちょっとごあいさつに来ました」「あ、どうもどうも」っていうふうにやるのもいいんじゃないって。その感じの発想は、おれにはなかった。なかったけど、「あ、そうすると長続きするなあ」っていうか。別に言いたいことがない時もあるわけじゃないですか。

嬉野　そうそう、そんなにはないんだよ。

藤村　そうするとその場っていうのが、あっという間に霧散しちゃうわけだよね？（笑）。でも霧散はしたくないっていう気持ちはみんなあるわけじゃない。その時にあなたが非常に、楽な道を与えてくれたっていう。

背負いすぎない

嬉野　それはおれの実家で、親父とおふくろがそういうふうにやってたことで商売が成り立っていたっていう……まぁお寺は商売ではないけどね。そういう言い方をすると死んだ親父に怒られるけど。でも、その親父とおふくろが日常的にやってた成功体験を、おれはこの目で見ていたわけだから。そしてそれは見ていて、意外に気分のいいことだったんだよ。知らない他人がいっぱい、うちに入ってきて、出ていくっていうのは。うちっていうか、要するに仏さんがいるところに来るわけね。我が家は直接関わるわけじゃなくって、関わるもののそばにいるっていう。それは視点的にはある種、傍観者なの。直接責任を取っちゃいない。

藤村　そうだね。ご利益があるかどうかは仏様次第ですからねえ。

嬉野　仏様次第。うちに責任ない（笑）。

藤村　なるほどね。楽だよね。来るほうも楽だよね。サイトでも。

嬉野　楽っていうか、背負いすぎちゃっておれがイライラしちゃったら、周りも迷惑だろうって話で。

藤村　そうだね。あんたがやけに張り切ってさあ、「いらっしゃいませ！」「さあ、今日はどんなお悩みが？」なんてやってたら、そりゃうっとうしくなるよ（笑）。お互い疲れちゃう。よかれと思ってやってもそうなるから、間合いが大切。

嬉野　たまにでいいんですよね。そもそも、気持ちのない人が寺に来るってことはありえないんだから。

藤村　そうなんだよ。でも周りは、気持ちがない人が来た時の対応ばかり考えてるっていう。「クレームが来たらどうするんだ？」みたいなね。それは本末転倒だよねえ。

嬉野　背負っちゃうとろくなことがないっていうのを、おれは実際に経験したから。でも自分が背負えないってことを表明するのを、みんな控えるでしょう。

藤村　控える。

嬉野　でも今この状況で自分が背負っちゃうと、根本的なところでろくなことにならないと思えばさ、「すいません！　できません」って、非常識に言うしかないって思うんだ。

藤村　そこで批判されてもいいんだよね。「あいつダメなやつだな……」と思われても構わない。

嬉野　「できません」って言えば、誰かがやんなきゃいけないことになるから、そのほうがいいんだよ。言わないと自分で抱えて、結局できねえんだもの。

藤村　でもそうやって無理矢理やって、ろくでもないものができたとしても、評価としては「おまえはよくやった」っていうことになるんだよね？（笑）。だから話がおかしくなってくる。

ドラマ制作で学んだこと

嬉野　「背負えないものは背負えない」っておれが言えるようになったのは、『どうでしょう』をあんたとやっていく中でだったと思いますよ。特に2009年に『ミエルヒ』ってドラマを作った時ぐらいかな。あの時は福屋渉がプロデューサーに入ってくれて、いろんなことをやってくれるから、「やってもらっていいんだ」と。逆に言えば「おれに向かない仕事を、おれがやっちゃいけないんだ」っていう。おれが「やらない」ことで作品がよくなるはずだから、できないことに対して「できない」って言うようになったんだね。『どうでしょう』と違ってドラマになると、背負わなきゃいけないものが多くなるから。

藤村　人数が増えたりね。そうなった時に、あなたの考えもはっきりしたと。

嬉野　その前の2008年に、大泉くんにも出てもらった——

藤村　『歓喜の歌』。

嬉野　『歓喜の歌』、あの時に、「背負えないものを背負っちゃうと、ろくなことにならないな」っていう実感はあったわけ。だから、すんなり背負ってくれる人を仲間に入れるっていうのはとても重要なことで。もちろん、おれに背負わされることで負荷が掛かってしまう人じゃなくてね。

藤村　その荷物を「おれ、持ってるよ?」っていう人に持ってもらうのが、いちばんいい。逆に彼が重いと思う荷物が、こっちにとっては軽かったりするから、それはこっちが背負えばいい。適材適所でやればいいだけの話で。

嬉野　そうしたら、お互い楽になれた。

藤村　そう、そこで「やらなきゃいけないから」って、できもしないことをがんばると誰も得しない。結果として、作品の質が落ちる。なのに「やんなきゃいけない」と思い込んじゃうのは、それは不幸ですよ。でもこっちが「できません」ってはっきり言えば、「あ、それできますよ」っていう人と出会えますからね。

よく言ってくれた

嬉野　だからおれがさっき言った、「『どうでしょう』を抱えてるとは思わないし、抱えようとも思わない」っていうのは、そういうことなのよ。

藤村　……なるほどね。お互いに「ここでおれが出ていっても崩すだけだ」みたいな場面はあるわけじゃないですか。

嬉野　でも、おれが出ていかなきゃいけない場面もある。

藤村　あるある。

嬉野　おれしか気付いていないっていう状況があるから、そこでは出ていかなきゃならない。でもそこで出ていって、みんなが気付いて、ことが始まれば、もうおれは引いていいっていう。

藤村　うん。

嬉野　……いや、おれだってやってんのよ？

藤村　いや、わかってるわかってる（笑）。

嬉野　こうやって言うとおれはなんにもやってないように聞こえると思うけど（笑）、やってるから。

藤村　おれとか大泉とかは必ずさあ、「嬉野くん、ちゃんと撮ってるか？」って言うわけじゃない？

嬉野　そうなんだよ。

藤村　「あー、これも撮れてない」とかって。

嬉野　失礼な話なんだよ（笑）。

藤村　言ってるじゃない？　じゃあおれたちが撮っていいものができるかっていうと、そうじゃない。それはあなたの役割だとわかっているから、役割を際立たせるために、逆説的に言ってるわけですよ。

嬉野　それはまったくそうだ。

藤村　「嬉野くん、撮れてないね〜。これどうなんだ」なんつって面白がって言うのは、そこがあなたの領分だというのがわかってるからであって。そこでおれらがやっても、他のカメラマンがやっても、もっといいものになるとはまったく思ってないわけで。

嬉野　まったくそうだよ。よく言ってくれた（笑）。

藤村　当たり前じゃないですか（笑）。

嬉野　こういう場でよく言ってくれた（笑）。

新作用の新しいカメラ

嬉野　前回のカブ、おれは（カメラを）回してないでしょ。その前のヨーロッパロケ、あれ２００６年でしょ？

藤村　あらあらあら……そうだ。

嬉野　そこから6~7年、カメラなんてまったくやってない。おまけにその分、こっちは歳も上がってる。そうすると重いカメラなんて持ちたくもないわけですよ、はっきり言って。もっとちっちゃいのがあるんじゃないかと思って、おれもネットでずいぶん調べましたよ。新作のロケに持っていくカメラをね。

藤村　やってました（笑）。

嬉野　それはもうねえ、最大に吟味して、「もうこれしかない」っていう、驚くほど手ブレしなくて、ちっちゃくてっていうカメラに行き着いて。「これだこれだ」と発注してね、ビシッと2台手に入れて現場に行ったわけだ。するとやっぱりね、おれも今までいろんなカメラ使ったけど、あんなにブレないカメラはなかったよ。

藤村　そうなの？

嬉野　もうね、驚愕するほどブレない。ところがいかんせん、ズームがね……。

藤村　できない（笑）。

嬉野　意外に望遠じゃないんだよ。

藤村　昔のやつよりね（笑）。

嬉野　おかしいんだよ。

藤村　おかしい（笑）。現場に行って気付いたんだ。

嬉野　だって以前のカメラは、ズームっていえば望遠寄りでね、イヤってほど寄ってったからさあ。だから望遠のこととか、そんなものまったく気にしてないよ。

藤村　ズーム機能に関しては、あなたは当然相当ズームするもんだと思ってた。

嬉野　そりゃあズームすると思ってたよ。だって今回ばかりは、ちゃんと望遠ズームで捉えなきゃいけないものを撮影対象として、われわれはロケに行ったわけですからね。でもいくら寄ったところで、なんだかもう中途半端なサイズになるばっかりで。

藤村　（笑）。

嬉野　まあ確かに最大限寄ってるんだろうけど、「でもどうだ、まだまだ遠いだろう」っていう、いちばん気持ちの悪いサイズになっちゃってさあ。

嬉野 そこをやっぱり果敢にね、大泉洋なんかは突いてくるわけですよ。

藤村 「ここまで来て、おまえは何を撮りに来たんだ?」と(笑)。

嬉野 そうなの(笑)。「いや、違う違う! 大泉くん、ここをこうすれば望遠になるから!」ってやるんだけど、ま、大してならないんだよ。

藤村 (大笑)。

嬉野 なりゃしないいんだよね。

藤村 やっぱり小さいし、手ブレ防止みたいな機能に特化してるから。

嬉野 そうなんだよ。

藤村 あれ子どもとかを撮るんだよ、運動会とかで(笑)。

嬉野 そうなの。そこをねえ、やっぱり大泉洋は突いてくる。

藤村 果敢にね(笑)。

嬉野 そこはもうねえ、的を射ているわけですよ。ぐりぐり突いてくる。でも、こっちとしては事前にだよ、準備に準備を重ねてね?「これだ!」っていう機材を持って来てるっていう自負もあるわけ。自負もあるんだけど、おれもあいつと一緒に画面見てるから、大泉に「寄れてないよね」ってつっこまれても、まったくそうだと思うしかない……。そこでもうねえ……おれのハートは木っ端みじんに砕けたよ。

藤村　（爆笑）。

嬉野　結局、おれの準備不足っていうことになる。なるんだけど、そこで「すいません」っていうことにしちゃうと、それでは物語にならないから。「大泉のせっかくの仕事を無にしてはならない」と、そこはがんばるわけですよ（笑）。

藤村　ギリッギリのところで踏ん張るっていうね（笑）。

嬉野　でも、ほんとにね、大泉洋が本番中にいやらしいくらいおれのカメラのあらを突いたことで、おれの準備不足が一転して物語に組み込まれていくのね。そしたらおれは、「満を持してやって来たはずの大事な現場で、使い物にならないカメラを持って来たカメラマン」っていう登場人物になっていて（笑）。で、カメラが寄らなきゃならない状況になるたんびに、おれの準備不足が笑うべき物語のひとつとなって、浮上することになるんだよね。あれがさあ、大泉洋の仕事だよね、大泉マジック。

藤村　やっぱりね、カメラというところにあなたの領分があるわけですよ。撮影という部分であなたは背負っている。

嬉野　そうだね。

藤村　われわれはそこに関しては、まったく背負ってないわけですから。その時にあなたがギリギリのところで踏ん張って、もう倒れてるんだけど「倒れてない！」って言い張るところが大事で（笑）。そこまで自分の領分でやり切れば、新しい展開が生まれるんだ。

それぞれの領分

嬉野　あれが吟味に吟味を重ねたご自慢のカメラじゃなかったら、おれもあんな木っ端みじんにならなかったよ。でも本当に大泉洋ってやつは、そういうところを、本当にうまく突いてくる（笑）。

藤村　——

嬉野　本当に、いやらしいくらいに突いてくるんだよ！（笑）。でもそのおかげで、意外なことが物語に組み込まれていくんだっていう不思議さを、体験したよね。

藤村　そうだね。

嬉野　そんなものが物語になっていくって、事前に考えもしないわけじゃない。だってあなた、今回はスケジュールも自分で作ってなかったでしょう。おれらは何も決めずにひょこひょこ出掛けて行って、大泉が何か隙を突いてくるたびに、あちこちで何かが物語に組み込まれていく、事前に用意されているのは他人が作ったスケジュールだけって中で『水曜どうでしょう』ができてしまうっていうのはさあ、これはすごいことだと思うよ。

藤村　それはそれやっぱり、キッチリと領分がね……。

嬉野　そうだね。そして突かれたくないところも、キッチリとあるんだね（笑）。

藤村　あるんですよ。

嬉野　でもあんたや大泉洋っていうのは、嫌なところを突いてくるっていう、そういう嫌な性格がやっぱりありますよ（笑）。

藤村　あるあるある（笑）。「ここだよな？」って。

嬉野　いちばん柔らかいところを突いてくるっていうのがありますよ。

藤村　普通の人だったら触れちゃいけないんですよ。だって嬉野さん、一生懸命やってたんですから。それをね、突いちゃだめなんですよ。本来であれば。

嬉野　……いや、その言い方も痛い（笑）。

藤村　（爆笑）。

嬉野　そういうことを言われればなお痛い（笑）。

藤村　でもそこで腫れ物に触れるようになっちゃったらね？（笑）。

嬉野　それはもう、次、参加しない。辞めてますよ。田舎に帰ってる。

藤村　帰らないでください（笑）。やっぱりね、それぞれの領分があるんですよ。

嬉野　前回のカブの時も、手持ち（カメラ）で回すような場面の時は、「ちょっと自分でやりたいなあ」と思わなくはなかったよ。

藤村　だけどまあ、こっちからするとね、カブの時はあなたがよくしゃべってくれて、それで面白くなったところもずいぶんありましたよ？

嬉野　でもやっぱり、おれとしてはカメラを持ってるほうが楽しいなあ。

17年間でいちばん

藤村　まあ大泉だって今回――おれが「これ、絶対に使わねえなあ」って顔をずっとしてても、延々なんか歌ってて。

嬉野　外国人の運転手に「日本の歌を歌ってくれ」って言われて、モノマネでずっと歌ってたよ。

藤村　それで大泉も、おれが「興味ねえなあ……」って思ってることがわかってるんだけど、引くに引けなくなって（笑）。あいつも、あの時はギリギリですよ。「あんたが面白くなくてもおれはやるんだよ！」とかって（笑）。あいつもギリギリのところで踏ん張ってたなあ。

嬉野　おれとしては、一発目の演歌くらいは使えるかなと思って回してたけど、そのあとはもう、ないだろうなっていうのがあったから。

藤村　もういらねえなって（笑）。

嬉野　言葉のわからない外国人に、「歌え歌え」って言われてたけどね（笑）。

藤村　言われるからあいつもなんとか面白くしたいと思ってるんだけど、こっちは「もういいよ」っていう状況で（笑）。もうあいつもハートが全部砕けながら、最後まで歌ってたもんね。

嬉野　で、やっぱりそれは多分――

藤村　使わないんじゃないかなあ（笑）。

嬉野　それは本人もわかってる。本人も使われたら困るでしょう（笑）。

藤村　ハートが砕けた嬉野さんを、大泉ってやつはいやらしく突いていくっていう役割があったけど、当人がそうなっちゃったら今度、おれくらいしか突くやつがいなくて、でもおれももう諦めてるから、誰も手が付けられないよね（笑）。

嬉野　（笑）。

藤村　あいつが砕けちゃった時には、もうどうしようもないんだよ。

嬉野　みんなが手放すしかない（笑）。……おれとしてはあれだよ？『どうでしょう』を17年間やってっけど、今回はいちばん楽しかったよ。

藤村　あー。

嬉野　印象として。それはおれら4人だけじゃない、サポートしてカバーしてくれる連中がいたっていう安心感。その安心感に乗っていけたっていう、そこだと思うね。そこでやっぱ「楽しかったなあー」っていうのが残る。それは画面で見ても、にじみ出てるんじゃないかな。

藤村　われわれの気が楽になってるっていうのがね？　そこは彼らは自分の、やるべきことをきちんとやってくれたから。

嬉野　まあ、これが納涼肝試し的なことを夜更けにやるんだったら、それは——

藤村　ああ、4人で行ったほうがいいけどね（笑）。

嬉野　それはケースバイケースなんだ。最適なメンタルのコンディションになるために、何人で行ったほうがいいかっていう話だから。

無言の小競り合い

藤村　こうやって繰り返し、「荷物下ろせばいいのに」「楽になればいいのに」とかって言うじゃない。結局おれらが言ってるのはそこなんだけど、それはやっぱり、周りに人がいるんであれば、その人たちもなるべく楽になってほしいという気持ちがあるわけじゃないですか。でもそんなこと言っても、自分が楽にならない限り、相手も楽にならない。こっちがまずネクタイ外さないと、向こうも正座崩せないみたいなこともあるから。そういうふうにみんなそれぞれが考えてくれればいいんだろうけど、一部「おれも苦しんでるからおまえも苦しめ」みたいなのもあって。

嬉野　そういうところあるよ今の社会。「おれはこれだけ遠慮してるんだから、おまえも遠慮しろ」みたいなのは。

藤村　なんで楽にしてあげないんだと思って。

嬉野　おれらが楽にやってるのを見て、「なるほど、そういうふうにしてても生きていけるんだなあ」っていう気になってくれればいいんだけどね。

藤村　そうだね。

嬉野　みんなわりと我慢してると思うのよ。自分が我慢してるから、おまえも我慢しろと。新幹線に乗ると、座席の間にひじ掛けがひとつしかないでしょ？　するとあそこに妙な争奪戦が発生する（笑）。「これはおれが先に取ったんだ」みたいな。

藤村　そういう人いますよねえ。

嬉野　逆にあえて使わない人もいる。「おれも使わないから、おまえも使わないでくれ」と。それで相手が使ってると「おれは我慢してるのになんで使うんだ」っていう、無言の小競（こぜ）り合いがあって（笑）。

藤村　例えば電車で、やたら股を広げて座ってる人がいる。それは空いてる電車なら別にいいと思うのよ。でも混んでるところでそれをやるっていうのは、自分が楽でも周りが楽じゃなくなるし。あれは「おれは会社でいつも気を遣って疲れてるんだ、これくらいいいだろう」みたいな気持ちがあるんだろうか。

嬉野　いつもは気を遣ってると思うんだ。だからあそこでは絶対に譲らない。そういう妙な主張をするから小競り合いになって、そこから大げんかになってもおかしくない雰囲気を感じる時があるよ。「なんだこの人は？」って。

藤村　あるある（笑）。もう飛行機とかでも、わざととしか思えないくらいに、ぐいぐい来る人とかね。「こっちは高い金払ってやってんだ」みたいなさ。それは明らかに、楽とは違う方向であって。

ドラッカーさんいわく

藤村　『どうでしょう』は、過去の物を何回も流してる。すると1回だったらスルーされてた細かいことに、気付く人が出てくるんですよ。当時はそこらへんまだおおらかだったけど、今はもう「これ、法令違反じゃないんですか」と、過去の物に対しても言ってくる人が中にはいる。すると会社が「こういうことにはちゃんと対処して」みたいなことを言ってくる。いや、今でも会社はわれわれの作るものに関して、事前の検閲とかはないですよ？　そこまではない。これが他の会社だったら、もっと言われることかもしれない。でも「何やろうとしてるんだ？」とか、探りを入れてくる。おれ、それだけでももう……ダメなんだよね。「おれらは今まで、自分たちの考えだけでやってきたでしょう！」って。もう「表現の自由をどう考えてんだ！」って怒っちゃう。「何かあったらおれらが責任を取ればいいでしょう！　そんなの全部聞いてたら番組自体を殺すことになっちゃう」って。まあ、過去にもいろいろ問題があったから、自分にも変なバリアみたいなものがあるんだろうけど。

嬉野　でも会社の中だけでしょう？　外に出れば「見てます」「面白いです」って言ってくれる人と、ずいぶん簡単につながれるよ？

藤村　そう、確かにね、うちにはそういういいお客さんが、全国にたくさんいる。

嬉野　だったらもう、会社のくくりの中に入ってらんないっていうところは、どうしてもあるよねえ。でも「サラリーマンなんだから、会社の言うことは聞かないとだめでしょう、それが嫌なら辞めないと」って言う人もいるけど、じゃあサラリーマンって何よっていう話で。だって「ビジネスの目的は顧客の創造」って、ドラッカーさんも言ってるわけじゃない。

藤村　そうそう。

嬉野　われわれはそれをやってるわけでしょう。地元の客しか相手にしてなかったローカル局が全国に顧客を生み出した。それである程度成功をつかんだんであれば、その成功体験を元にして、もっとさらにやりましょうっていう話になればいい。われわれも、われわれが信じて、やりたいっていうことを続けるために、収益を上げる。それが企業の務めだって話でしょう。何かというとおれらは、サラリーマンとして逸脱してるように言われるけど、でもドラッカーさんの提唱してること「やってんじゃん！」っていう話ですよ（笑）。

藤村　こんなにドラッカーが流行ったのにさ、そこをなんで否定されるんだろうね（笑）。

嬉野　前は正直われわれも、会社を辞めることもちょっとだけ考えてたけど、今はそれないでしょう。

藤村　ないねえ。

嬉野　だってこんなにやってるのに、辞める必要ない。辞める意味がない！（笑）。

藤村　なんで辞めなきゃいけないんだと（笑）。

嬉野　まあ、長年言ってきて、それでも伝わらないっていうのは体験したわけだから、いいかげんわれわれはそれを現実として飲み込まなければ、この先はないっていう。

藤村　そうだね。ここでずっと怒っててもしょうがない。

嬉野　おれらは「先に行きたい」っていうのがあるから。

藤村　いろんなところが、やいのやいの言ってきてもしょうがないと思うけど、でも言いなりにはならないって思うから、次の手立てとしては、何気なくまた……わからないようにやると（笑）。わからないようにやって、利益を上げるしかないよね。

嬉野　そのためにはやっぱり、世の中全体が楽しく、いい状態であってほしいと。そういう思いがあると思うんだよ、あんたもおれも。

藤村　そうだね。

嬉野　だって平和で、穏やかで、のんきで、楽しいっていう社会のほうが娯楽に対して興味を持ってもらえるわけだし、商売もしやすい。なら逆に、そういう社会を維持するためには、われわれ自身が身銭を切らなきゃいけない部分もあるから。

藤村　だからドラッカーさんが言ってたことを……今は、会社に隠れてやるっていう（笑）。

嬉野　ドラッカーを隠れてやらなきゃいけないビジネス社会（笑）。

旅から帰って、まだまだ腹を割って話した

最終回の涙

藤村　おれは、『どうでしょう』を続けていくこと自体に関しては、特にもう努力することもないんだよね。「続くだろうな」っていうのはわかってるから。
嬉野　努力をしていた時期はあったの？
藤村　いや、それもないんじゃないかな。努力……はないよね。
嬉野　でもやっぱり番組を背負ってきたわけだから、努力っていう意識はなくても、「自分が目指す面白いものにしなきゃいけない」とか、何かあったと思うよ。
藤村　何かはね……。
嬉野　じゃないと最終回（02年「原付ベトナム縦断1800キロ」）で、あんなに感極まって泣かない。

藤村　うーん。

嬉野　大泉も泣いてたけど、おれとミスターは泣かないよ？　それは背負ってるものの重さが違うっていうところがあるから。

藤村　……確かになんか、最後にホテルに着いて、車のドアを開ける瞬間に、「ふわー」ってなったのよ。なんか荷物が下りたっていうか。

嬉野　要はさ、あんたもわからない、大泉洋もわからない、そういう言葉にならないものや、どういうふうに説明していいかわからない感情やなんとも言えない想いがさ、あんたたちの中に6年間凝縮されてったのよ。当時はあんたも大泉洋も、可能性は『水曜どうでしょう』しかなくって、だからそこに全力を注いで、北海道で人気も上がっていった。その中でやっぱり、飲み込んだりしたものもいっぱいあった。それがいよいよ最終回を迎えるとなって。

藤村　うん。

嬉野　ゴールのホーチミンのホテルに着いたら、もう終わるんだと。終わるってことは、『どうでしょう』をやる中で自分の胸に蓄積されてったものがもう出せなくなるんだ、出す場所がなくなるんだってふうに、思い詰めるってことだと思うのね。それで脳みそのどっかが慌てて騒ぐわけだから、そうしたいろんな感情や想いが、やっぱりあの瞬間、いっときに出てくるんだよ。

藤村　全部ね。
嬉野　それは全部涙になって出てくる。でもあんたにしたって、悲しいんじゃない。
藤村　悲しいわけではないね。
嬉野　なんで泣いてるかわかんないけど、とめられないんだよ（笑）。そんなもんだと思う。その時おれは、あんたも大泉も泣いてるからさ、「いかんいかん。この流れは、ちょっと感動的になってるな」と思って（笑）。「今、泣いとかないと流れに乗り遅れる」と思ったけど、まったく泣くような心境じゃなかった（笑）。
藤村（笑）。

それでもうチャラ

嬉野　それぐらいこっちは冷静で。ミスターだって冷静だったわけで。そういう言葉にできないものや処理できない感情を蓄積していったっていう立場には、おれもミスターもいなかったって思う。だっておれは、毎週っていうのをやめるにしても、1年に1本とか2本とか、それこそ（『男はつらいよ』の）車寅次郎みたいにしてやっていけばいい、全然終わるつもりはないし、番組作らなくても『どうでしょう』っていうものから離れるつもりもないわけだから、何も変化ないっていう立場ね。……だからなんか、おれらにはわからない場所に立ってたんだと思うよ？　あんたも大泉洋も。

藤村　……。

嬉野　いや間違いなくそうだよ。

藤村　そうだねえ……。

嬉野　うん。

藤村　……まあでもあれも、いっときのもんなんだろうなあって。

嬉野　何がさ。

藤村　その、「ふわー」って軽くなったのは。

嬉野　だからいっときに出ていったでしょ？

藤村　全部出しちゃった（笑）。

嬉野　泣いて涙にして、清算するってこと以外ないわけ。だから出ちゃう。

藤村　出ちゃう。

嬉野　それでもうチャラ。

藤村　チャラなんだよね。翌日からは、４人でバレーボールとか卓球とかして遊んでたから（笑）。

嬉野　まあこっちも大泉の、「６年間ありがとう」って書かれたTシャツ見ながら、じゃっかんウルッとは来てたよ。

藤村　（大笑）。
嬉野　その程度のものはね。
藤村　まあね。そんなに重い気持ちはないよね。
嬉野　泣かすほうに泣かすほうに持っていく演出はね？　全然アリだと思ったけど。

『どうでしょう』にある大事なもの

嬉野　おれ、『どうでしょう』ってものがとても好きなのよ。最初っからそうなの。
藤村　ほう。
嬉野　最初のロケからそうで。あの番組自体、何年もやらせてもらえるかどうかわかんなかったから、「これ、人知れず終わるのかな」と思ったりして。だから何がなんでも記録に留めたいと思うから、現場に私物のカメラ持って行って、写真撮ってたわけ。「これはおれの思い出作りよ」って。それは一貫して、今も変わらないわけ。で、結局おれは『水曜どうでしょう』っていう番組の中に、なんか、とってもいいものがある気がするんだ。だからずうっと学者に調べてほしいと思ってた。「『水曜どうでしょう』を分析していけば、何か人間の本質みたいなものに、たどり着けるかもしれないな」ってね？

藤村　そんなことこっちは考えたこともない（笑）。

嬉野　それはおれが一歩引いたところで、さっきから言ってるみたいに半分傍観者でいるからっていうことだと思うんだ。もちろん『どうでしょう』は、主流になるような番組じゃないから、日本中の人が知ってはいない。だけど10万人規模の人が熱心に見てくれて「『どうでしょう』、何回見ても面白いですねえ」とかって言ってくれるわけでしょ。だったら、そこにいる10万人で何か、本質の部分を共有できてると思うんだ。

藤村　全人類じゃなくてね。

嬉野　全人類じゃない。おれは個人的には、いまさら『どうでしょう』以外のものに価値を見出さなくてもいいの。「君たちは『どうでしょう』が成功したかもしれないけど、何か他のこともいろいろやったほうがいいよ」なんていう人がよくいるけど、それには「あなた『どうでしょう』、ちゃんと見てるの？」って言いたい気持ちよ。テレビのひとつのバラエティ番組に過ぎないかもしれないけど、おれはどうしても思っちゃうの。ここを掘っていけば、何かとんでもないものに行き当たるんだろうなって。

藤村　鉱脈みたいなものがあったんだ。なるほどね。そこまでのものが見えてれば、最終回で泣く必要はないよね。

切実さにほれた

嬉野　おれが最初に「この番組いいな」と思ったところは、人間関係なんだよね。あんたと大泉洋と鈴井さんと、４人で旅をして。最初は世間を知らないから、ＪＲの席の、昔ながらの硬い向かい合わせの４人席に仲良く座ってるんだよ。他にいくらでも席が空いてるのに。おれはあの雰囲気にちょっとさ、ほれたんだね。

藤村　ほー……（笑）。

嬉野　普通、世慣れした大人なら、「ちょっと向こう空いてるから」ってバラけるもんなんだ。それなのに、いっぱい空いてるのに、几帳面に４人掛けにいるんだよ。「この雰囲気はいいなあ……」と思ったんだ。

藤村　こっちからすれば、「そりゃそうしないと撮れないから」っていう理由なんだけどね？（笑）。

嬉野　うん、でも撮ってない時もそこにいるからさ。その純朴さっていうか、切実さ？その感じがとってもいいなあと思ってて。

藤村　なるほど。切実だもんね。そのままそこに居続けるのは、「まだ何か面白いことがあるんじゃないか」と思ってたから（笑）。

嬉野　膝突き合わせてそこにいる、その妙な真面目さがよかったのかな。場馴れしていないっていうか、世の中を舐めてない感じ。それが珍しいと思った。あの頃、誰からも期待されてないことをみんなわかっていて、でも何か面白いことになるんじゃないかっていう気持ちだけはあって。あんただって「おれは10％超える番組を作りたいんだよ」って言ってたしね。その前身番組の『モザイクな夜』は5％も取れなかった。お姉ちゃんの裸とか出すと、あっという間に8％とか行くんだけど、それをやらないで数字を取る、それをこんな田舎番組でやるっていうのは、「あんた、本気なんだな」って思ったしね。十分に真剣で、それはおれはすがすがしいと思ったんだ。

藤村　なるほど……。

嬉野　実際、ロケから帰って撮ったものをつなぐと――まあ今見るとタルいところもあるかもしれないけど、あの当時は「ああ、すごくいいな」って思えたの。そこから一貫して何も変わってない。この人間たちを信頼した、それがそのまま番組にもにじみ出てると思うもの。だから、おれがこんなに自分を解放できてる場所だっていうのを思ったら、やっぱり相当数の人もこれを見て自分を解放できるだろうなっていう。

藤村　確信めいたものが。

嬉野　確信があるんだよ。

ロケやだな……

藤村　確かにあの時は、こっちも何をどうしていいかわかんない、話をいきなり面白くもできないから、とりあえずこれまでのルートを振り返るみたいな話から始めるわけですよ。「昨日はあそこ行って大阪行って、朝に着いたじゃないですか。それで……」って。「なんかきっかけがないかなあ……」って思いながら。そこのところは全部カットしてるけどね。それはやつらも、「なんかないかなあ……」って思ってたと思う。やっぱり「10%を超えるものを作りたい」っていうのがあったし、面白いものにしたいっていうことにしか目がいってなかったから。大泉も多分そこしか見てなかったと思う。

嬉野　あなたは基本楽天的だから「10%超えるものを作る、だからおれはやってるんだ」っていうのがあるんだけど、現場に来る直前くらいからちょっと考えだすという（笑）。

藤村　ちょっとね（笑）。

嬉野　じゃっかんの不安も出てきたり。

藤村　あるある。「ロケやだな……」とかって。10%取るのはもう決まってるんだけどね？（笑）。直前になるとちょっとなんかそういうのが……「誰かやってくんねえかなあ」とか思って（笑）。それは今でもそう。

嬉野　あー。

藤村　編集だけやってるのがいちばん楽。面白いものが撮れるのはもうわかってるから、っていうくらいの楽観性なの今は。おれがそこにいなくてもね。でもやっぱり現場に足は踏み入れなきゃいけないわけだから。

嬉野　あたりまえじゃん。

藤村　（笑）。10％取るに決まってるって思ってんだけど、いざロケに行く朝になって会社まで行く車に乗り込むことになった時にさ、「あーでも、自分はこれで面白くなると思ってるけど、でもなあ、面白くない時もあるよなあ」ってやっぱ考えちゃうからさ（笑）。

嬉野　あーなんかわかった。あんたの中では10％取るっていうのはもう決まってるから、あとはそれを見たいんだよ。だから途中の、ロケに出発する前日とか、当日とかはもう一切ヤなんだ（笑）。……それも強気なのか弱気なのか——

藤村　わかんないよねえ（笑）。いやあ……ロケは楽しみではない。全然ない。

嬉野　やっぱり、背負ってんだよあんた。間違いなく。だって、アメリカ（99年「アメリカ合衆国横断」）の時も「ロケ終わったら真っ白になる」って言ってたじゃない。

藤村　いやあ、白くなるんだよ。「もうロケはいい」って。

嬉野　そうなんだよやっぱり。
藤村　ロケの最中は、先が見えない不安っていうのもやっぱりあるし、多少うまくいかないこともやっぱりある。でもそれも、ロケさえ終われば編集でなんとかできるから。
嬉野　あなたそれ、昔っから言ってるもんね。「編集でなんとかなる」（笑）。
藤村　それなりの素材はすでにあるわけだから、それを作り込んでいくのは楽しいことであって。

言葉で意味付け

藤村　あんたはだからさ、おれが感覚でなんかしてることとか、なんかしようかなと思ってる時に、それを言葉で意味付けをしてくれるっていうのがあるよね。それでこっちがなんとなく考えていたことがはっきりするし、いろいろと気付かされる。おれが新しいサイトを作りたいってなんとなく思ってたら、あんたに「お金を取るっていうのを、おれらはやったほうがいいんじゃないか」って言われて、「ああ、なるほど」と。じゃあ、お金を取るにはどうしようかって考えてると、今度は逆に「お金をもらうだけで、なんにもしなくていいんじゃねえのか」って言うじゃない。そうするとまた、気付かされるわけですよ。「なるほど、そこには何か意味があるかもしれない」って。その気付きがなければ考えを深めるのに時間がもっと掛かっただろうし、なんなら考えること自体をやめてたかもしれなくて。「気分」っていうのも、あんたが言い始めた言葉だからね。おれが「何かを決める時に、なんか大事なものがあるはずなんだけど」って言うと、「それは『気分』でしょ」ってキッチリと言ってくれる。そこで「あー、そうだわ……」ってなる。店長とのマラソンにしたって、あれに意味付けしてくれたのはあんたですから。

嬉野　あんたが前にさ、「おれらが中学とか高校の時に同じクラスになったとしても、話し掛けたり友達になったりしてないよねえ」って言ってたでしょ。でもおれは多分、話し掛けるんだよ。おれはあんたを認識するわけさ。なぜなら「あんたというものにつながっていくと生きていきやすい」と思ってるところが、おれにはあるから。だからおれはあんたを認識する。見てるとあんたは、おれがしないようなことを平気でやる。「なんであんなことするんだ?」。でも、それを見てるとこっちも気分が楽になる。これは何かある。やがてその理由をおれは見付ける。そういうことをおれは日常的に繰り返すから、大体のことが言葉で説明できるんだと思う。

藤村　やっぱり側(ガワ)から見れるんだろうね。

嬉野　なんとなく知らないうちにここにいて、なんかあんたにいろいろ話し掛けて、あんたは話聞いちゃって、付き合ってってことだから、相当おれはあんたの重要なところに食い込んでいってるんだと思うんだよ。するとそれだけおれは重要な存在になるんだよ多分。でもそっちはそういうことも、そんなに認識しないで済んでるんだと思う。

藤村 それはやっぱり人に対する距離感の問題でさ、おれはもうあなたがいるものだってすでに思ってしまってるところがあるから。

嬉野 だっておれはどこにも行かないもん。あんたと一緒にいるっていうのは、こっちにとっては生きていく上で有利で切実な条件だからね。

藤村 そのへんも……改めて言葉にされて初めてわかることなんだよね。距離感があまりにも近いから。

嬉野 それは「仲がいい」とか、そういうものでもないとおれは思うんだよね。

行きたい場所

嬉野 おれは割と、真剣に生きてるんですよ？

藤村 ええ（笑）。

嬉野 「できないことはできない」とかね、ずいぶん言っちゃってて。「金もらって何もしない」とかって言ってるけど（笑）。真剣に生きてるんですよ。それは多分自分のためで、自分が楽しく生きるためには、周りの人も楽しくなってもらわないと困るというのがあるから、その方向性は死ぬまで放棄できない。その中であんたと一緒にいると番組だって作れるし、いろんなことがやれるから、それはおれにとっては切実なのね。それはさっきも言ったんだけど、結局、自分の中で「行きたい」っていう場所があるんですよ。

藤村　生き方としてね。

嬉野　いや、おれの人格としてあるんですよ。どっかに行かなきゃいけない、行きたいっていうのがある。それはどこだかわかんないけど、ずうっとあって、あんたといるのはそこへ行くいちばんの早道だとも思ってるんだ。

藤村　すごいよね。「自分がどっかに行かなきゃいけない」ってこう、思ってるっていうのは。

嬉野　でもあんたも、認識はしてないんだけれども――

藤村　認識はしてないのよ。普段はそんなに強くは思ってないけど、ただ言われると「おお、そうだ」って思う。

嬉野　おれはこの『どうでしょう』の中に、間違いなく、いろんないいものがたくさん含まれてると思ってる。だからおれは離れずここにいると思うし、この4人が崩壊するようなこともあってはならないと思ってるし。

藤村　そうなんだよね。そのあなたがいうところの『どうでしょう』のいい部分っていうのには、おれはその存在すら気付いていなかったからね。

嬉野　それはやっぱり当事者だからね。おれは一緒にいちゃってるっていうか、一歩離れたところで眺めてるから。

藤村　おれはそういうところでの傍観者には多分一生なれないんだろうね。この作品を見て面白いのか面白くないのかっていうくらいの客観性はあるつもりだけど、あなたの言っているのはそんなレベルのものじゃない。「ここにどんな世界が広がってるのか」っていうくらいの大きい話だから。

嬉野　だからおれはそうやって認識する。逆に言えば、認識する者っていうのは当事者じゃないってことだと思うのよ。

藤村　……当事者なんだけどね？

嬉野　なんだけどね（笑）。でも、自分の意識としては。

藤村　意識としては。わかるわかる。

未知との遭遇

嬉野　おれのその「行きたいところ」っていうのは、『どうでしょう』に出会う前からあって。

藤村　そうなんだよね。「そこに自分は〝行かなきゃいけない〟」って思ってるっていうのが、やっぱりあなたの特異なところだなあと思って。

嬉野　それがどこかかっていうのは、わかってないんだけど（笑）。……おれなんかはやっぱりどうしても、『未知との遭遇』とか好きだからさあ。

藤村　おおー、おれも好きですよ？

嬉野　やっぱりああいうことなんですよ。

藤村　あーあー。

嬉野　あれで最後に宇宙人が出てくるでしょ？　岩山のところにＵＦＯが降りてきて。

藤村　はいはいはい。

嬉野　その前に主役の男の人ね？　彼が突然、取り憑かれたように家の中に土をバッコンバッコン持ってきてさあ、家族はもう驚愕でしょ。「あなた何をするの⁉」と。それで山を作って――

藤村　いきなり熱心に作ってね。

嬉野　熱心に。もう細かいディテールまで作り込んで。それで完成した頃にテレビにそれとおんなじの、モニュメントバレーみたいな形の岩山（デビルズタワー）が映って、「あーっ！」って言って、そこに行くっていうね？　もうねえ、おれの中ではそういう感じ（笑）。

藤村　はいはいはい。わかるわかる。

嬉野　そうでしょう？　そうなんだよ。

藤村　その目的地はどこだか、まだわかんないわけだよね。『未知との遭遇』の場合は、宇宙人が彼を引き付けてたっていう見方もできるわけだけど……まあそれに近いような（笑）。

嬉野　そうだね（笑）。

藤村　もしかしたら宇宙人が出てくるかもしれない。

嬉野　そう（笑）。もうずいぶん前からそんなふうに思ってたんだよね。結局どこに行きたいかわからない、どこそこだって言えない、だけどそこに行かなきゃいけないんだろうなあ……っていうのは、これはもう直感めいたものでしかないんだけど、直感だからこそ必然性があるような気がしてるのよ。そしてその鍵は『どうでしょう』の中にあるんだろうなと。

藤村　あー、そうだね。それはおれも認識はしてないけど、『どうでしょう』の中にある何かが、そういう普遍的なものに引っ掛かってるような気はするね。

2013年あとがき

藤村忠寿

昔からよく嬉野さんは、僕が編集室で忙しく『どうでしょう』の編集をしているときに限って「あの……あれなんですよ……」とか言いながら隣のイスに座って、あまり仕事とは関係なさそうな茶飲み話みたいな話を始めることがある。で、ひとしきり話して、「じゃあ、まぁそういうことで」なんて言って編集室を出て行く。時間にしたら15分とかそんなもんだけど、こっちは編集してる最中だから半分はモニターを見ながら、半分だけ嬉野さんの話に耳を傾けている。たまに「ん？」と思うところは「それはどういう意味？」みたいに聞くけど、だいたいは会社から帰る車の中で嬉野さんの話を思い出して、「あーなるほどね」なんていう感じで、あとでその話の意味するところを理解することが多い。

もうずいぶん前になるけれど、いつものようにひとしきり話が終わったあとで、嬉野さんがポツリと「あんたはさ、編集やってる最中におれが来てうっとうしいと思うこともあるんだろうけどさ、おれはさ、こうしてあんたに一生、いろんなことを話しかけるために、あんたのそばにいるんだよ」と言った。で、帰りの車の中でその言葉を思い出して、なんか泣けてきた思い出がある。

今でも嬉野さんとはよく話をする。誰かと飲みに行ったあとなんかにも、「ちょっとお茶でもしましょうか」なんて誘われて、コーヒーを飲みながらふたりで話をする。今、この原稿を書いているつい先ほども、1杯だけふたりでビールを飲んできたところで、さっき嬉野さんは、ふいにこんなことを言った。「おれらの仕事ってなんだろうね」と。

僕らは昨日まで中国にいて、『どうでしょう』のフィギュアを作っている工場を見学して、そこの若い工員たちの仕事ぶりを見てきた。中国製品は粗悪で、反日感情が強いなんてことが盛んに言われているけれど、僕らが見た工場では、若い工員たちが本当に真剣にモノ作りをしていたし、日本の北国から来た僕らを笑顔で歓待してくれた。「おれらの仕事ってなんだろうね?」と聞いた嬉野さんに、僕はこんなふうに答えた。「たとえば江戸時代とか、そのぐらいの時代に生まれてたとしたら、あちこちで行商して、そのついでにあちこちでいろんなものを見て、それをあちこちの人におもしろおかしく伝えて、それで商売が成り立っているような、そんな感じじゃないかなぁ。で、あとは隠居してのんびりしながら、訪ねてきた人に割とためになるような話をするような、そんな感じになればいいですけどね」と。すると嬉野さんは、「あぁ、そうね」と答えてくれた。

僕は、ほんとうにそんなふうになれればいいなと思っている。

香港のホテルにて

2013年あとがき

嬉野雅道

この前ね。変なテレビ見たのよ。スイス人の芸人。男ですよ。しかも上半身は裸だ。ローマ時代の勇者みたいな出で立ちですよ。とにかく筋肉がすごい。どんだけでも重いものを持ち上げそうな男ですよ。そいつが30センチくらいの白い鳥の羽根を持ってる。持ってるのはそれだけなのに足を若干開いて踏ん張って立ってる。ところが奴の足元を見ると、葉を打ち払って棒状にした大小の枝がごろごろ置いてある。その枝の形状をねぇ口で言うのが難しいんだけど、南方系のね、根本が少し扇状になってて先がすっと細くなった感じの長い枝ですよ。わかります？　わかりますよね。それが足元にごろごろ積んである。ね。それを見て思いましたよ。なるほど、この足元の枝を使ってなんかやるんだなと。したらこの男、まず1本の枝の先端に鳥の羽根を載っけるわけ。枝と羽根をバランスさせたわけ。そしたら今度は羽根を載っけたまま、その枝をさらに別の枝の先端に載っけた。バランスにバランスだ。そしたらさらにもう1本、また別の枝をバランスで足した。もうね。バランス芸ですよ。つまり足元にある枝を一本残らずバランスさせながら全部継ぎ足していこうっていう気が狂いそうな芸ですよ。とにかくそうやってそいつは次々とバランスで枝を足していくのよ。もうね、超地味なの。地味なんだけどもの凄い芸なんですよ。見てる方はだんだんハラハラしちゃって力が入っちゃう。とにかくバランスが超微妙で、枝が足される度にバランス箇所が増えまくって。もうね、どんどんバランスが複雑になるもんだから男は慎重ですよ。ふー。ふー。ふー、って。一本一本呼吸を整えながらやってる。そりゃあれだけの筋肉はいるわってだんだんわかってくる。とうとう一番デカい枝を1本だけ足元に残して他全部の枝をバランスだけで継ぎ足してしまったから、男の胸の前は枝で大変複雑なことになっている。今、男がくしゃみでもしようものなら、すべてが無駄になる。もの凄い集中力と全身の筋肉だけでバランスをとりながら、男は足元に転がってる最後の枝を、足で探りながらグイッと立ち上げたのよ。ああ、最終的にこの立ち上げた1本の枝の先端に、このバランスだけで継ぎ足されている複雑な枝の集合体を載せるつもりなんだなとわかる。そしたら本当に男はそこに見事に載っけたのよ。そしてすっとその場所から身を引いた。すると今や開いた傘のような形になってすべてバランスだけで継ぎ足された枝が、そこに自立しているの。すごい芸だと思った。でもさ、その芸はそれで終わりじゃなかったのよ。その男、最初の白い鳥の羽根のところへ行くとね、羽根に手を伸ばしたの。そしてその羽根をつまみ上げた瞬間。すべての枝が音を立てて崩壊したの。一瞬で。いや、それって当たり前のことなんだろうけど、あれを目の当たりにすると衝撃があるよ。あんな軽い鳥の羽根を取り除いただけですべてがバランスを崩して崩壊するなんて、って頭がどっかで疑ってるから。でも崩壊するのよ。オレね、それ見て思った。世界もオレたちも、みんなバランスしてるんじゃないだろうかって。だからそれは鳥の羽根ひとつで崩壊する。何かわからないけどさ、人間の持つ何かが世界のバランスを見てる。それがさ、時代を生きている「人の気分」じゃないかと、思ったのよ。

（＊この男性はマディール・リゴロ氏。日本人女性のシダミヨコさんも同様のパフォーマンスを行なっています）

2020年、
文庫化で
さらに
腹を割って
話した

相変わらず思ってる

藤村　（対談の）はじめは2011年か。「原付日本列島制覇」のあとで。
嬉野　そう、放送はね。ロケに行ったのは10年だけどね。
藤村　10年。そして13年の「アフリカ」か。
嬉野　（前の対談では仕事の心地よさを）「温泉」とか「脱糞」とかにたとえてたけど、今はそう思ってませんとかって、思ってないもんね。相変わらずそう思ってる。
藤村　うん。それがさらに、進んでったという気が。
嬉野　してた。
藤村　まだ、あの頃はね、会社とかに対して何かもうちょっとこうしたほうがいいんじゃないのかとか、何かそういう気持ちがあって。多分ね、どっちかというと自分たちの気持ちもそこに当ててるような、ね。

嬉野　２０１０年頃って、一番、会社から理不尽な目に遭わされた頃だよね。大改革があったからね。

藤村　それはあったね。だけど今は、考え方はおんなじだけど、会社に対して何かとかっていうのは、おれたちはもう諦めてるところがあるんじゃないの。

嬉野　ねえ、（前は）もうどうしようもないと思ってたね。

藤村　うん。どうしようもないんだけど、それでも会社も何となく、そういうふうにわれわれが言ってるから、まあ、われわれに対する、何ていうんだろう、その考え方を否定するわけでもないし、特に最近では、ノってきてるというところはある。

嬉野　そうだね。会社側も世代交代があるし。だんだん、ちょっと昔の人たちとは違ってきてる。経営のほうも、われわれに対するムードが違うしね。もう昔みたいに反発されることもないし。

藤村　そうそう、ない（笑）。

嬉野　みたいなことはあるよね。相変わらずの体たらくな感じはするんだけども、でも、割と何かやらせてくれるみたいな感じじゃないですかね、今ね。

藤村　ちょっとずつだけど。われわれは「温泉」だっていうふうに比喩して、何でももうちょっとやりやすい方向に、自分たちが楽な方向に行かないんだって思っていたけど。

まあ、われわれがそう言ってるところに、何であいつらだけ楽をしようとしてるんだみたいな、何かそういう雰囲気というのは、会社だけじゃなくて社会全体にもあったような気はするんだよね、まだ10年前は。

でも今、こうなってくると、社会全体が何でこんなに厳しいことやってたんだろうっていう。満員電車に揺られてとか、そういうのが、この半年ぐらいで一気に、おれの中では、揺り戻しが来たような気がしていて。

嬉野　揺り戻し。

藤村　うん。やっぱり行き過ぎてたっていうね、自分たちが。もう、何だ、本当に無駄な物を生産して、そのために、あくせくしてたっていうことにようやく気付いたような気がするから。

何回見ても耐えうるものを

嬉野　それは、そのバブルの頃からっていうこと？

藤村　そう。何だろう。だって無駄だって、テレビなんか特にさ。この10年で、朝から晩までの生中継の割合を昔よりもどんどん増やしていったよね。

嬉野　あ、そうなの？

藤村　うん。増やしていった。フジテレビは、朝から晩まで「生」。生でスタジオを開くっていうふうになってって。

嬉野　それは、経営からの要請があったってこと？

藤村　テレビは、生が一番強いっていう、まあ、そういう考え方もあるけど。昔はさ、『3時のあなた』にしてもさ、2時の何とかにしても、1時間だったでしょう。

嬉野　ああ、確かにね。

藤村　それが3～4時間ぶっ続けで、午前中1本、昼すぎ1本、夕方1本みたいな、3本ぐらい立てで、っていうのを誰かが始めるようになって、それでいいんじゃんって。

　でも、そうすると出演者のコストは高いんだけど、それ以外のコストってかかんないわけだよ、3～4時間ぶっ続けでおんなじスタジオでやるだけだから。大してコストもかかんないし、中身も、まあ、そんな大したことはないし。ドラマ1本、1時間作るのと、大きな違いがあるわけじゃないですか。

嬉野　ああ、なるほど。

藤村　それで、ある程度視聴率も稼げてたから、テレビ全体がそうなった。

嬉野　なるほど、これでいいんだと。

藤村　うん。これでいいんだって。でも、それを全局がやりだすと、まあ、何ていうんだろう、本当、使い捨ての情報ばかりが全局並びであって、で、再放送って、絶対ないでしょう、そんなワイドショーとかって。だから、一過性で、全て終わるわけですよ。

嬉野　ワイドショーの再放送、見たくないよね。

藤村　それでも言ってたんだよ、毎日放送の社長なんかは。たまたま面白い中継があったと、それを見てなかったと。見たいよ、それ盛り上がったんだろう、昨日の面白かったやつを、再放送しろよ、みたいなことも言ったことがあるらしいの。

でも、それを再放送しないっていうことは、見られなかったら終わり、なわけでしょう。どっかの局は見られてるかもしんないけど、見られなかったら終わりっていう。何だろう、おれはものすごい過剰な生産をしてるような気がしちゃって。見られていないものを作ってるような、何かそんな感じがこの10年、テレビにあったような気がする。

嬉野　ああ。

藤村　それがようやく、コロナでワイドショーすら、遠隔だと……って、再放送枠とかやりだすようになって。ゴールデンもそうだけど、あれでようやく、テレビも過去にちゃんとして作ってたものっていうのを放送できるから、よかったじゃない、と。『水曜どうでしょう』は、それをずっとやってたんだからね。

嬉野　そうだね。

藤村　おんなじものを何回も何回も見ても耐えうるものをやって。でも、そうすると、もう視聴率関係ないんだよね、何かね。何回も見てもらえることによって、DVDを作ったり、グッズを作ったりして、われわれは視聴率とは違う方向でお金を稼ぐようになったから。
コロナで、テレビはよく見られるようになって視聴率高くなってるのに、儲けられない。逆に、今、危機だって言われてるの。これ、よく考えたら、おかしいんですよ。視聴率は上がってるのに、何でわれわれが危機になってるんだって。
それは、スポンサーっていうものに、広告っていうものに頼ってたから。広告市場が縮小してしまうと、いくらいいものを作ろうが何しようが、お金儲けられないし、っていう、構造自体が間違ってたんだなとか。まあ、今回のコロナでおれはいろいろ考えるようになって。でも、それを『水曜どうでしょう』は、ずっとやってたなと思って。もう最初から、物を作るときに広告出稿には頼ってない。コロナになっても何も打撃は受けてないし、逆に、非常にたくさんの人に見られて、さらにいい状況になってるっていう。

嬉野　「どうでしょうハウス」すら、活用しちゃってるからね。

藤村　そう。みんなに見てもらうつもりだったんだけど。

嬉野　コロナがなければね。今ごろ一般に公開して、みんなに来てもらって生で見てもらうはずだったもんね。でも、番組見てる人は知ってることだけど、あの「どうでしょうハウス」は結果的に大工さんに全部まるなげして作ってもらったものが、今、建ってるわけだから、だから、われわれが作った物ではなくなっているという意味では、何の思い出も、番組にとっての何の思い入れもないから、あのツリーハウスは、やがて森の中で自然にのまれて朽ちていくっていうものでもあったんじゃないかと思うよ。

藤村　うん。そういうものでもあったね。

嬉野　そこに、たまたま今回のコロナ騒動で、あなたが森に入っちゃったものだから、そして「どうでしょうハウス」で生活をはじめちゃったから、光を当てちゃったたっていう。

藤村　時代に即してるわけだよ。その状況、状況に即してやってるっていう。

嬉野　うん。だと思うよ。

藤村　これが、収入をクライアントだったり、他者に依存していると、そっちが駄目なときは、こっちがいくら何をしようが駄目だから、そういう体質ではなかったたっていうことだよね。

嬉野　そう、われわれはそういう体質ではなかった。われわれは、『水曜どうでしょう』っていう30分足らずの番組を見てもらうと同時に、われわれ作り手自身の生きてる感じを見せるっていうことも、どこかで意識して、同時にやり始めていたんだと思うんですよ。つまり視聴者が、番組とその番組を作っている人の両方を知っているという状態。その状態にわれわれは持って行った。

そうすると、コロナになって、あなたは森に入って行く、でも、タレントではない作り手のあなたを視聴者が観察するというのは、すでに習慣としては『どうでしょう』と変わらない流れの中にあるから、視聴者はすごくすんなり見れている。だから、見慣れてるっていう状況まで持って行くわれわれの体質が、やっぱり商売になっちゃってるっていう感じになってる。

藤村　見てるほうも楽な、ね。

嬉野　そう。そう考えると、「楽」って何なんでしょうね。

「われわれは迷走してます」、堂々と

嬉野　何かしなきゃと思ってないっていうことなんですかね。

藤村　あの家を作ろうというときもね、「われわれは迷走してます」っていう言い方をしたのも、作るほうも、見てるほうも、ハードルを下げるっていう、楽に見てほしいっていうね。で、こっちも、そんな気合い入れてね、肩ぶん回してやってるわけじゃないっていう。

嬉野　「迷走してます」なんて、番組を制作してる本人がね、本番中に言うっていうのもね、なかなかテレビ番組史上ないわけですよ。

さ。

藤村　そうだね。

嬉野　実際、「だけど、これでいいんだろうか」っていうのも、われわれの本音の中に

藤村　まあ、本心もある。

嬉野　重くあったの。でも、主演俳優を前にして、「いや、実は迷走してます」って言っちゃうのは、主演俳優も本番中に客と一緒にどっきりするっていう。でも、そういうときに、「まさかここでそういうことを言います?」ってタイミングでやっちゃうと、みんな、虚を突かれて、笑っちゃって、ほっとするじゃないですか。

藤村　うん。

嬉野　全員が楽になる。でも、ここの「楽になる」っていうのは、のんべんだらりという楽とは違って。ここ一番のタイミングを見計らって、危険を察知しながら、一番秘匿しておかなければならない重要機密を、「ここだ!」ってタイミングで、世の中に出すことで爆笑に転じさせて、全員で一緒に楽になって風呂に入る、っていうことでしょう。

藤村　そうだね。

嬉野　そうでしょう。これは、結構ね、度胸の要るところだと思うんですよ。

藤村　うんうん。

嬉野　そこで笑いが起きなかったら、これはひとつ間違えると生々しいものが残るだけ

で、悲惨な結果を残すことになりかねない。笑ってくれれば、みんなが喜んで持ち帰ってくれるから、「迷走してます」が商品として流通する。でも、笑わなかったら、しーんとして、誰も持って帰ってくれないという。こうなったら、痛手ですよね。

藤村　そうそう。

嬉野　でも、「迷走してます」を言うことによって、それまで世間にあった「『水曜どうでしょう』大丈夫か」っていうムード……もちろんそのムードは、われわれ制作者側も感じて、タレントも感じて、さらに客も一緒になって「大丈夫か」と感じてる。どっちかというと近年は客ももう心配してくれてて、むしろ見守っていきたいという、ハラハラして見てる中で、その「迷走してます」っていう。本来「そこは隠しておくべきだろう！」っていう核心の部分をばっと全部出されると、もう一遍にびっくりして笑っちゃう。で、ほっとするというね。

藤村　やっぱりそうだね。無理をしないというかね、あの。

嬉野　でも、ある程度は無理するわけでしょう。

藤村　無理する。無理するのはね、そうだね。

嬉野　ある程度負荷を感じて、これ以上は折れたら大変だから、出す。じゃあ、どこで出すかっていうふうに戦略に転じるっていう。

藤村　そうそう。溜まってるところでね（笑）。

嬉野　そうそう。溜まってるところで、ばんと（笑）。

藤村　全部を溜めるつもりはないよ、毛頭ね。

嬉野　そうそうそう。

藤村　ないわけよね。前の対談（148ページ「2011年、腹を割って話した」）で、「無理だと思えば、やめりゃいい」って言ってるけど。

嬉野　そうそう。それは、大きな担保だよね。

藤村　うん。言ってるけど、やめるつもりはないんですよ。

嬉野　そうそうそう。それもない。

藤村　やめるつもりもないんですよ。無理ならやめりゃいい、っていうんであれば、われわれ、あの家なんて、途中でやめてると思うんですよね。「ああ、この企画は、ちょっと駄目だよね。もうちょっと、一から考え直そうよ」って。割と皆さん、踏ん張っているようで、見切りも早いような気がするんだよね、この世の中。いろんなことに対して。

嬉野　そうだね。

藤村　そこらへんを、無理をしないと言いつつ、われわれが意外と最後まで、何かあるんじゃないかって言って。でも、まあそこまで考えなくていいよっていう感じで、割としぶとくずっと同じものは続けているところはある。

皆さんはいろんなものに早く見切りをつけてしまうから、そこにあったはずのチャンスというか、そういうものを、多大なものを逃して新しいものに行ってしまってるような気がする。われわれは、だましだまし「2」で終わってるところを「10」ぐらいやっちゃうから。でもそうすると、そこに新たな、誰も気付かなかった桃源郷じゃないけど、行き過ぎたところに何かあるっていう、それもあるんだよね。中にはね。

嬉野　行き過ぎてるよね。

藤村　うん。

嬉野　だって、あんなんで3年もかけるっておかしいもんね。

藤村　おかしい（笑）。

嬉野　その3年かけるっていう、それは妙な緊張感だと、おれは思うよ。どうすんの？っていう。でも、ちょっと異常に引っ張っているっていうのは、やっぱ決めきれないところがあって。作っちゃって、もう終わっちゃおうっていうのでもなく、どこで終わればいいんだっていうのがずっとあって、結局、3年ぐらいはかかってるっていう。その異常な、何かその「待ち」っていうものがあったから、知らないうちに雪で崩壊してるっていうものを、やっぱりゲットできた。

もちろんゲットできないことも当然あるわけで。だって、家作った、完成した、で、崩落もなく終わっちゃうっていうことも可能性としてはあるわけだけどね。

藤村　でも長くやろうとしてるから、ちょっと気合入れないでっていうのもあるんだよね。

嬉野　なるほどね。

藤村　最初に気合をがんがん入れてると、やっぱり長続きしないと思うから。多分、早めに見切りつけて、ちょっと次のところに、「皆さん、力入れましょう」というふうになるけど。うちは最初から「力を入れないで」って言ってるから、割と泥仕合をずっと続けられるみたいなところはある。絶対勝たなきゃいけないって、誰も言ってねえから。じゃあ、次の仕合、ちょっといきましょうといけるみたいな感じがあって、3年だらだらやって。

で、3年だらだらとやったおかげで、まあ、1年半か2年目ぐらいに、全部家がつぶれたっていう、これは、「来たね、待ったかいあったね」みたいな。こういうふうな逆転の結果があるんだと思って。

嬉野　こういうラストシーンってあったのっていうね、想像もつかない。

新作の旅は、残されたヨーロッパ

藤村　その間に今回行ったのが、「ヨーロッパ」の、あのやつを全部もう一回やり直そうと思って。やり直すっていうか最後にアイルランドだけ残ってるんで、そこを行こうと。

嬉野　そうね。この文庫が出る頃は、もうオンエアしてるからね。

藤村　もう出るころにはね。

嬉野　それでも、10日ぐらいだっけ？

藤村　1週間ぐらいかな。本当にそれはもう、行って帰ってくるだけの話だから、見事に。行って帰ってきただけっていう。

嬉野　見事にね。

藤村　うん。

嬉野　でもね、おれ、やっぱ面白かったんだよね。

藤村　面白かった。面白かったっていうのは、そんな爆笑でも何でもないけど。

嬉野　そうそう。爆笑でも何でもないよ。

藤村　大昔ね、安田（顕）さんがさ、副音声かな？　何かのときにさ、「いやもう『水曜どうでしょう』はね、あなた方4人がどっか行ってくれてりゃ、別に行き先なんかどうでもいいんですよ。それでいいんですよ」って言ってたときがあって。まだそのときには、おれの中ではそこまで、しっくりくる言葉ではなかったの。いや、ファンの人たちはそう思ってるかもしんないけど。とはいえ、どっか行って、みんなで行くだけじゃ駄目でしょう、みたいな気持ちはあったの。

嬉野　そら、あなたもね、真っ白くなって帰ってくる人だからね。

藤村　それが今回、おれもそれを見たときに、そうだな。この人たちが4人でどっか行ってるだけで、幸せだったんだよね、何かね。

嬉野　そうだね。じゃあロケ中、4人が満足してたかっていうと、それもないと思うんだよね。本当に何にもないのに行くんだ、みたいなのがきっとあったと思うし。

特に、大泉洋さんなんていうのは、番組の中でも「常に自分のライバルは過去の自分だから」と言ってるわけですよ。彼はビッグになったから、やっぱりその、お友達関係にも今やビッグな俳優さんも多いわけじゃないですか。で、そのビッグな俳優さんたちも、『水曜どうでしょう』の過去作を、みんなやっぱり見て知ってるっていう現実を、大泉さんとしても抱えながら、そこに新作っていうプレッシャーを感じながら、やっぱり『どうでしょう』は面白い、っていう手応えで演じたいっていうのがあるんじゃないですか。

けどね、あらためて見比べると、もちろん過去作の大泉さんは面白いんだけど、今回のほうがやっぱり面白いんじゃないかって感じるところがあるわけですよ。だから、われわれにしても、みんながみんな何かそこに、新作っていうことに対してやんなきゃっていう気持ちを大きく持っちゃうってのはね、どうしても抱えてるっていう。

藤村　やってる最中は、全然面白くないって言いながら。

嬉野　そうだよ。大泉くんだって、森に家を建てたあれ以上に手応えなかったたって言ってたし。おれも面白いところなんかあったのかなって思ってたし。でも、やっぱりね、面白いこと、やってるんですよ。しゃべってるんですよ。うん。

藤村　バランスっていうか、何だろう。大泉さんは、もう今や一番前のめりなわけですよ。前のめりっていうか、彼のバックボーンの中で、やっぱり『水曜どうでしょう』の期待値っていうのは、周りにすごく聞くところがあるし。そこにわれわれが輪を掛けてね。もうわれわれも不退転の気持ちで、つって、これ何とか面白くしましょうって言ったら、多分どんな企画もできないですよ。あれ以上、面白いものにしないと、ジャングル行くにしたって、あれだからとかっていう話になったら。

でも、それはもう、非常にわれわれがそういう、この本にも書いてあるみたいに、温泉につかって、なるべく楽したいっていう。で、楽をすることが一番いいことだって思ってる人間だから、決してわれわれはそうならないわけで。大泉さんに輪を掛けて、じゃあ、大泉さん、また今度新作だから、大泉さんはプレッシャーあるだろうから、われわれはもっと面白いものをやりますよなんて、誰も言わないわけですよ。でも、そこに大泉さんは、何かこう、ふがいなさを若干感じつつも、だからこそ。

嬉野　かなり感じてるよ。

藤村　だからこそ、でも、出来上がったものを見ると、彼のこの空振り具合というか、こういうのが、どんどんどんどんわれわれの中にすんなり収まっていくようなね。で、案外、結局一緒じゃねえか、みたいな、でもそこに人は安心感を持つよね。

ずっと反発して、いや、これじゃ駄目だ、あれじゃ駄目だ、そんなんじゃ駄目だ、とは彼も言わないから。最初は言ってるんだけど、だんだんだんだん。あいつも基本的にはこっち側の人間なんです。その、楽したいっていう人間だから、そんな頑張ってね、うんぬんかんぬんではないから。

でも、じゃあ、楽をするように見せるには、どういうふうな流れが必要かとかいうのは、ほかとは違う。ほかは頑張って面白くしてって、その一辺倒の道しか模索してないけど、うちは、面白くする必要もないから。君、何も言わなくていいからっていう中で、じゃあ、何をしていけばいいんだっていう。その模索具合っていうのは、どこも多分やってはいないものではあるから。彼はそこをやってるうちに、だんだん魅力を、彼自身感じてくるんじゃないのかなと。

で、彼自身も、そこで精いっぱいやるんだけど、誰もやったことのない、はた目にも、これが果たして面白くなってるかどうかがわからないという、評価がわからないから、やっぱり手応えがなかったと言うしかないっていうね。何らかの事故が起きりゃ、そりゃわかりやすいんだろうけどね。そういうものもないときに、彼がどう判断するかといったら、そりゃあ、ないね。手応えないわって。
　おれなんかは、その手応えないっていうのも、面白いんじゃないかと思うからね。はたから見たら、あんだけ人気がある大泉さんが、手応えないって言ってるって、いったいどういうものなんだろうっていうね。

嬉野　だから、今度の新作のことを聞かれて、彼が、広く世間に「手応えがない」って言ってるのも、彼もやっぱり何かを探してて、はっきり言っちゃうっていう、感じてる通り言っちゃうっていうのも、彼の戦略の一つじゃないかと思ったりするんだよね。ただ単には言ってないような気がするんだよ。

藤村　ただ単には言ってない。

嬉野　で、主演の彼が、そうやって「手応えないです」って言った瞬間に、やっぱりちょっとおかしいじゃないですか。

藤村　うん。おかしい。

嬉野　そういうことも考えてるし。

　４人でまた行きたい

藤村　おかしいけど、ねえ、「ヨーロッパ」の旅が終わったときには、「楽しかった」って言って。

嬉野　そうそうそう。

藤村　「こういうのだったら4人でまた行きたい」って言ってた。

嬉野　本編には、そういうムードは全くなかったけど、プライベートでは言ってた。「こういう旅だったら、何か、1年に1回ぐらいあるといいですよね」とかって、しみじみ言ってたね。

藤村　そうそう。4人だけでっていうのは、そこには大泉さんが、今いらっしゃる世界の、非常に、こうね、何かやらなければいけない。それは、大泉さんがいる世界だけじゃなくて、この社会全体が多分そういうふうにずっと回ってきていて。去年より売り上げを伸ばさなきゃいけない、去年と同じことをやってはいけないっていう社会の中で、われわれだけが去年と同じっていうか、去年より下がるんだっていうことを、もう是としている中に身を置いていて。彼は、いや、それはないでしょうと言いつつ、やっぱりそこに入ってみると。

嬉野　いいんだよね。

藤村　じゃ、それが全くの体たらくだったのかっていうと、実はそうではなくて。彼が「楽しかった」って言うことに、また新たな魅力というか、何かを見つけ出したから。これだったら10年も、20年もやっていけますね、って。多分ね、楽しかった。また、こういうのだったら行きましょうよって、何かを見つけ出したと思うんだよね。それは、きっと、ある種の新発見だったと思うんだよ。何かいろいろ考えて、考えた末に出てくる、非常にこう、斬新なアイデアと同じぐらいの。何にも考えずに、昔のまんまよりも、低くていいんだっていうところに見つけ出したものっていうのが、実は、今を変える何か、すごく非常に安心できる斬新なものっていう。これが、初めて行った人同士では、やっぱりなかなか。

嬉野　それは。うん、そうだね。

藤村　ない。ずっともうこのスタイルを20年続けてるわけだからね。それを崩さないっていうのはね。ま、最初のころは、もうちょっとね、いろいろ考えて、新しいことって思ってたけど。

嬉野　どこに行くかも言わないしね。どこに行くかって発表したって、彼もリアクションに困るような場所だしね。また行くんですか、行ったでしょう、みたいな。

藤村　だから、あんまり秘密にもしてなかったですよ、今回のやつなんて。あっさりと、いや、ここ行きますっていうふうに、企画発表の中で言って、大泉さんのリアクションなんて、「ああ」っていうぐらいで。じゃあ行きますか、みたいな。

これまでの花形であったものを、どんどん崩していって。普通は恐ろしくてやらないんだろうけど、こっちは主題がそこではないとも思ってるから、大泉さんだまして、彼のリアクションで、「そんなとこ行くのかよ」っていうことではもうないって思ってるから。そこが大事だとは思ってないから。

多分、おれなんかが大事だと思ったのは、本当に何にもない状態で行ってどうなるんだろうっていう。本当の意味の観察であり、本当の意味のどうなるかわからないっていう。

嬉野　何にも決めない。

藤村　宿も決めないしね。だって、3日前まで「水曜どうでしょうキャラバン」で東北回ってたし、大泉さんたちもドリームジャンボリーだか何かイベントを3日前までやってて。その3日後に出発だったから、出発前の1カ月間はずっとほかの仕事をしてたんですよ。だから準備もちゃんとしてなくて。

嬉野　旅行代理店には当然、前もって発注しているから、チケットを取るっていう段取りはしてるんだけど、それをチェックして精査するっていう作業をキャラバンから帰ってきて3日ぐらいのうちにやって。そうすると、ぼろぼろわかってくるっていうの。

藤村　これ、違う、やばいよ。

嬉野　やりたいようにやれないね、みたいなことになっちゃうっていうこと。

藤村　もう見切り発車だね。だけど、20年の蓄積があるから、まあ、ねえ、つって。昔のおれだったら、そんなことはないだろうけど。

嬉野　その見切り発車の、まあね、っていうところを、本番中にね。企画発表のときに、大泉さんにどんどん突かれるから、そこで言う気もなかったんだけど、仕方がないから、われわれもぼろぼろ出して。「実はですけど」って出してくると、それも何かね。本番中だけど成り行きでそうなってるから、それ見てるとね、もう笑っちゃうところがあった。「みっともないな、この行程は」とかって言われて。

藤村　言われちゃってね。

嬉野　言われちゃってさ。そんなに言わないでください、ってわれわれも言っちゃってるから。そういうやりとりが笑えるのも、確かに歴史があるからだよね。過去の企画発表という、要するに見せ場というか、番組の花というか、そういうものをずっとみんなも見て認識してるから、もう、その見せ場で、どうも、ぼろぼろのぐだぐだになっていくっていう、この変容も、やっぱりそれなりに何かおかしかったっていうか。これは、まあ、長く続けてるからっていうことはあるよね。

藤村　まだ、何にも手付けてないけどね。

嬉野　でも、編集してると、やっぱ笑っちゃうよ。

藤村　ああ、笑っちゃう。まあ、手を付けるまでが長いけど、手を付け始めたら楽しいですよ、確かにね。

嬉野　そうでしょう。

藤村　うん。そう。

アフリカ以後の変化

藤村　前（264ページ「2013年、腹を割って話した」）には「お茶代を徴収するサイト」やりたいとか言ってて。フェイスブックをやり始めて、そしていつの間にかYou Tubeっていうものもやり始めて。まだ模索中ではあるけどね。
嬉野　もう3年ぐらい？　もっとやってる？
藤村　「アフリカ」の後なんでしょう、きっと。
嬉野　ああ。結構やってるんだ。
藤村　うん。だから、「アフリカ」の後で言うと、いろんなことが変化してるからね。おれは芝居始めたりとか。それでYouTubeとか何だとかっていうもの、テレビとはまた違うものをやり始めたのも、今の時期だしと思うとね、随分変わってはいる、そのやってることがね。
嬉野　その頃、ミスターさんは赤平（あかびら）に移住したのかね。
藤村　そうそうそう。あ、「アフリカ」のちょっと前ぐらいでしょう。
嬉野　なるほど。「アフリカ」の前なのか。

藤村　うん。あの人の生活もがらっと変わっていって。で、われわれもがらっと、おれなんかも、がらっと変わっていったっていうところだよね。

嬉野　あの頃は、パズドラの話とかしてたもんね。

藤村　ああ、やってた。もうやめた。

嬉野　パズドラやめたの？

藤村　やってないね。最近までやってたけど。

でも、何だろう。変化というか、無理をしないで流れていくっていうことで言うと、新しいことをやってるような気はあんまりなくてさ。役者を始めたのも、YouTubeやり始めたのも、あ、その後ラジオもやってるし。別に無理して新しい何かをつかもうとしてやってるわけではなくて、ただ、目の前にそういうものが転がってきて、あれ、何かあんじゃねえのかなと思って。

嬉野　確かにね。

藤村　それをやってると、会社のほうが後からついてくるという感じがね、はっきりしてきたなっていう。時代自体もYouTubeがテレビよりもとか、Netflixにしてもそうだし。

今までテレビ一辺倒だったのが、本当に変わっちゃったっていうのが、「アフリカ」以降のこの時代だと思う。おれもテレビ見なくなったっていう実感と、YouTubeってすげえなって思った実感から始めたから無理がなかった。で、実際、今やって、模索中ではあるけれども。会社もYouTubeのチャンネルを作り出したりとかやってるから。

嬉野　何かね、この流れっていうのがさ、とても大事な気がするのね。それはやっぱり、そもそも人間が、「流れ」っていうものをとても好むところがあるからのような気がするのよ。でも、じゃあ、なんで人間は流れを好むのか、それはさぁ、人間はだれしもが、自分の中にすでに、自分が流れてるって自覚があると、無意識にでも、そのことに気づいてるんじゃないかと思ってね。だからその、われわれが何かやってるっていうことを世間の目にさらしつづけることも、ひとつの流れだから、世間の人は興味を持って見てくれるっていうことになると思うわけよ。

藤村　うんうん。

嬉野　どういうふうなことをやってる、どういうふうに流れてる、っていう「流れ」に、人間はすごい親近感を持ってる。それは多分、だれもが、自分も流れてるんだろうって、予感がするからだと思うんだけど、その流れるっていうことが、とても自然であると、見てる人は、やっぱり興味を示す。

流れていくってことを意識することは、結局、先のことをそんなに見ないことだとおれは思うね。流れてるっていう今のこの状況だけ、ここを多分、一生懸命見てるんだと思うよ。で、結果的に流れてって先へ行くんだけど、結果的に時間の中を移行して今ではない。先へ行くんだけども、渦中にいるときは現実の目の前のものだけ、今をずっと見てるっていう。だから、あなたが言ってるのはYouTubeというものが流れて来ると、それをつかんでしまうみたいな、そういう、常に今をすごく見てるからうまいこと先に来てるんだ、という気がするよ。

流れるっていうことは何かというと、この今を見ることの連続だと思うんだよね。

藤村　ああ、そうだね。

嬉野　だからさ。よく、これからどうされますかとか将来の展望みたいなことを聞かれるんだけど、そういうのないもんね。でもどうしても世の中は、これからどうされますか？　これからの抱負は？　とかって、そこに興味を持っていて。そこを書けば、読者もそこに興味を持つと、取材してる人も思いがちじゃないですか。でも、われわれは、もう今しか見ないから、これからどうするかって聞かれても、今こうやってやってるっていうことしかないっていう。

流れる先を決めるのは、損

藤村　嬉野さんが言ってたみたいにさ、人は、流れていくことは、それは当然だろうと思っている。けれども、みんな流れる先を「じゃあ、どこに流れていくんですか」ってことばっかり気にするわけですよ。

嬉野　はいはい。

藤村　『どうでしょう』は、どこに流れていくかっていうのを全く気にしてない。まあ、一応、流れる先は決めてはいるんだけど、どんどんどんどん変わっていくじゃないですか。それを皆さんは「不安だ」と言うけど、目の前を逆にあんまりみんな見てないんだよね。どこに流れていくか。こっちですか、右側行くつもりですか、この後、これを行くと、どういう結果が待ってるんですかって、みんなそこばっかり知りたくて。「YouTubeやるっていうのはどういうことなんですか？　どういうふうにテレビと関わりがあるんですか」って、そこばっかりやるけど、「YouTube、何で始めたんですか」「いや、儲かりそうだと思ったから」「実際、儲かってるんですか」「いや、わかんねえ」っていう感じ。

でも、目の前にあるものをやってみるということに関しては、ほとんどの人が実はやってないっていうところがあって。みんな、流れるっていうことを是としてる。その流れる先ばかりを気にしてるっていうところだよね。

嬉野　流れる先を決めるっていうことは、そこは、損するってことだからね。

藤村　それ、流れてないんだよね。

嬉野　うん。流れる先を決めるってことは、損する。物語が複雑にならない。

流れる先を決めるっていうことは、今回の森の企画でいえば、どうなるんだろうと思いながら葛藤もなく、まあ取りあえず、じゃあ、もう、家も完成させて終わるかっていうことが流れる先を決めるってことだから。

藤村　そうそう。

嬉野　流れる先を決めておくという思想は、損する思想だと思う。雪で崩落するっていうことには立ち会えない。今回みたいに雪で崩落するってことを経験する前から、そういった考えはあったわけで。その経験があったから、先を決めずにずっとじりじりいって崩落してしまうっていう、非常にラッキーなものをゲットできたっていう。だから、流れるっていうことに興味があるから、流れるっていうさまを見せなきゃいけないし。そのためには、ずっとわれわれは、あるていど正直に手の内を見せてかなきゃいけないっていうこともあるし。その正直であるっていうことが、自然なものに流れていくっていうのにつながるし。うん、流れるっていうことを考えるのは、非常に得をする方向にいくと思うけどね。

藤村　どっかで最初っから思ってたと思うな、おれは。おれ自身は、そう思うなと。普通で考えてもわかるじゃない。目の前にさ、歩かなきゃいけない道と、川があって流れていく道と、止水でこがなきゃいけない道がある。流れるところに行ったほうがいいに決まってる、楽に決まってるってわけじゃない。

でも、行き先はわかんないわけよ、すっごい楽だけど。だけど、おれは迷わず、いや、こっちのが楽でしょうと思って、まずはそこに乗るような気はしてる。で、ああ、いいですね、なんつって。あとは、右か左かみたいに決めてて。

嬉野 だから、そういう意味では、実は流れる先は一つなんだよ。水路は一つなのよ。その水路を、自分で勝手に開拓できるっていうふうに、われわれ人間が思いがちで。だから、いろんなことを考えて流れの先を気にする。でも、流れる水路は1本だから。

藤村 どうしようと。

嬉野 そうそうそう。

藤村 で、きっとそれは、あんまり悪い方向じゃないんだよね。

嬉野 ないよ。うん。

藤村 流れていくからね。

嬉野 だって、一番無理がないんだから。

藤村 無理がないところに身を任せていくと、そこは、きっと地獄ではないんだ。

嬉野 そうそうそう。そらそう、そうでしょう。

藤村 流れていけばいい。地獄ではないって言ってるのに、みんなさ、「いや、もしかしたら何かあったらどうするんですか」って、流れようとしない。

嬉野 まあ、でも、周りがそう思ってくれるから、われわれが得をするっていうことがあるわけですからね。

藤村　そうそう。

嬉野　いいんですよ、別に話聞いてもらわなくても。「そんなんでいいんですか」とか言ってもらってるほうが、われわれは繁盛するわけです。

藤村　そうそうそう。それはね、思うようになりましたよ、本当に。ああ、言ってるなと思って。それを説得しようとか、説明しようって思わなくなっちゃったもんな。

嬉野　説得しないほうが儲けられるって。

藤村　儲けられるね。そうですね、不安ですねって言ってるぐらいでね。

嬉野　ねえ、そうそうそう。

藤村　それがいいみたいなね。うん。ね。

嬉野　それが今回のアイルランドにもつながって。

藤村　そうだよね。だから、そうじゃなきゃ、できないよね、ほかの人では、多分。

流れついた先が、鳥の観察

藤村　「どうでしょうハウス」もさ、こういう状況になったから、使い道がね。YouTubeっていう表現の場もあったからよかったけど。

嬉野　鳥を見る。

藤村　鳥を見るね。

嬉野　そこが、あなたのやっぱりその今を見るっていうところじゃないですか。ステイホームしなきゃいけないっていったときに、まあ、あなたも反発心のある人だから、家にいるっていうのもいいけど、どうだろうなと思ったら、ああ、そうか、森があったじゃねえかって思ったんじゃないの？　家あるしって。で、鳥好きだしね。ああ、あそこに行こうじゃない、でしょう。あなただけは、ステイホームしなきゃいけないっていう、そういうストレスから解放されて、ウイルスからも解放された場所でしょう、森なんてのは。で、自然の中にいるわけですから、何も無理がない。

そういうことをYouTubeでやっても、みんなもそのツリーハウス、知ってるんだもんね。そこに藤村さんが入るっていう。視聴者としても何の問題もないわけでしょう。で、見てたら、藤村さんが一人で『どうでしょう』やってくれて。ああ、あの人、一人でもやれるんだ『どうでしょう』、という話でね。だから、あの森の「どうでしょうハウス」っていう、あのツリーハウスの不動産価値も上げられるでしょう。一石二鳥もいいところなんだよね。

それは、やっぱり、あなたが今を見てるっていうことで、全てを流れの中でうまい具合に組み合わせてっていうことだと思うよ。コロナがなかったら、あんなとこ、多分入ってないし。

藤村　やってない、やってない。

嬉野　それぐらい、わかんないじゃないですか、流れっていうのは。だから、何かダイナミックな感じで面白いんじゃないかと思うんだけどね。みんなが家にこもんなきゃいけないっていう状況で、あなたが森に入ってYouTubeで配信するのを多くの人が自分の部屋に閉じこもりながら見るっていうこの状況。

これも普段と違って、やっぱりいいわけよ。閉塞感のある中で、森にこもったおやじを見ながら、スマホやパソコンという小窓の中で、何か自分がその森の中に、こう、イメージの中で解放されていくっていう。

藤村　解放感がね。

嬉野　あなたも、ちゃんとわかって撮ってるから、オンカメでよくしゃべるじゃないですか。本当にもう、人前が何かノーマルな人だから、それでも、急に何か黙るんですよ。黙ったときに、さわさわさわっていう、森に風がわたるショットなんかを撮ってるわけよね。

その瞬間に、見てる人間っていうのは、森がいい感じで染みわたってくるから。閉じられたところから、ちょっとこう、開けられていくというようなイメージ。非常にね、いいものになってるんじゃない。あの緊急事態宣言という戦時下で見るっていうことが大事よね。

藤村　戦時下でね。

嬉野　うん。

24年間の積み重ね

藤村　藤村も一人なんだっていうところが非常に大事なところかもね。そこをね。

嬉野　そうそうそう。結局コンテンツになってるから、商品になっているわけでしょう。だから、そうやってさらしていくっていうことで、商品になっていくっていう、商品を作っていくっていうことだもんね。森に入って鳥を見るっていうYouTubeを楽しむのは、これまでの24年間の『どうでしょう』っていう流れを、やっぱりみんなが熟知しているからかもしれないでしょう。

そういう意味では、自分たちでしか、やっぱりこの醍醐味は味わえないっていう満足感があるでしょう。で、それを聞きつけて、新しく新規参入してくる人にとっては、これまでの24年間っていうものを一から楽しめるっていう時間が待ってるわけでしょう。やっぱりね、未来しかないと思うよ。『水曜どうでしょう』って番組には。

藤村　うん。どこを切り取っても流れてるからっていうことだよね。

嬉野　流れてる。ずっといまだに流れてる。

藤村　それは、いまだに流れてるっていうことだもんね。

嬉野　そういうことを本当に徹底してやってきたのは、僕らしかいなかったっていうことじゃないかと思うよ。ねえ、新しい血を入れようとかって、そういう姿勢もないしね。

藤村　これまでのことはなかったことにして、とかはない。『どうでしょう』ってやっぱり、DVD作るときも、最初からやらないと結局わかってもらえないっていうのは、やっぱりあったもんね。この前のやつを見てほしいとか、これ、聞いてからやると、この前のやつを見ないとわからないとか。

嬉野　そうそうそう。あったね。

藤村　あったから、綿々とずっと流れてるんだよね、あれね。

嬉野　だって、24年分を一気見できるわけですよ。これは、至福の時間じゃないかね。

藤村　見てない人はね。

嬉野　見てない人。だから、新規参入者はそうですよ。

藤村　見てない人は、幸せな時間が待ってますよね。

嬉野　そう。見てない人にはわかんないでしょう、これは。だったら、これだけの24年分ありますっていう至福の時間を提供できるほうが、今は圧倒的に価値ありますよ。

藤村　うん。

嬉野　やっぱりね、本当に今しか見てきてないから、そら、当然、今に合うだろうなと思うよね、今しか見てないんだから。

藤村　そうだね。新シリーズを考える時も、何か皆さんの、この気持ちの上での着地点っていうか、一番の何かは何だろうって。逆に、すごく無理するっていうことも、ありなんだと思う。そうすると、いろんなことを忘れられるから。もうとんでもなくきついところへ行くっていうのもありだし、とか。

だから、皆さんの今のこの状況の中で、こういったときの一番の、精神的に楽なものは何なんだろうとかって。うん。何にも考えないっていうことが一番、一番大事だから。何にも考えないのだったら、もういっそのことね、サハラ砂漠でも行って、もう本当にきつい……。何かそんな、そんなイメージがあるね、次とかって考える場合にはね、うん。

嬉野　でもあれよ、おれは何かもう、ヒマラヤとかそんなとこは登りたくないよ。おれはベースキャンプから超望遠レンズで撮るから。

藤村　さて、編集で会社に行かないと。

嬉野　そうだね。編集に行ってもらわないと。スーパーづけをしてもらわないとね。

藤村　スーパーづけして、10月28日からオンエアだっていうから。前枠、後枠を撮るのもあるし。それで、また、久しぶりに大泉さんとかも会うし、ま、9月の末か、10月頭ぐらいに、前枠、後枠を撮ってとか。

嬉野　まあ、ステイホームもあったから、だいぶ会社にも行ってないからね。

藤村　本当行かなかったから、会社。本当に行かなかったから。

（２０２０年8月23日　東京・汐留にて）

腹を割って話した〈完全版〉 朝日文庫

2020年11月30日　第1刷発行

著　者　藤村忠寿　嬉野雅道

発行者　三宮博信
発行所　朝日新聞出版
〒104-8011　東京都中央区築地5-3-2
電話　03-5541-8832（編集）
　　　03-5540-7793（販売）
印刷製本　大日本印刷株式会社

Published in Japan by Asahi Shimbun Publications Inc.
定価はカバーに表示してあります

ISBN978-4-02-262029-3